レッツスタディ！楽しく学ぼう！

はがき作成専用のソフトがなくても、年賀状や往復はがきを作ることができるのをご存知ですか？
「ワードとエクセルでプロ並みはがき作成」では、ワードとエクセルを使ってはがきを作る方法をご紹介します。
楽しく、そして簡単に、オリジナルのはがきを作っていきましょう。

レッスン1 ワードでプロ並み！しかも簡単！年賀状を作ろう

このレッスンでは、年賀状の文面を作る方法をご紹介します。
せっかく自分で作るんだから、お店に頼むのとはひと味違う自分らしい年賀状を作りたいものです。
自分の撮った写真や図形などを組み合わせてオリジナルの年賀状を作りましょう。

はがき宛名印刷の必須アイテム エクセルで住所録を作ろう

このレッスンでは、はがき宛名印刷に欠かせない住所録をエクセルで作る方法をご紹介します。住所録作成の第一歩は、宛名印刷に必要な項目を考えるところからスタートします。
しっかりマスターして、完ぺきな住所録を作りましょう。

住所録があれば簡単！ はがきの宛名面を印刷しよう

このレッスンでは、レッスン2で作った住所録を利用して、はがきの宛名面を作る方法をご紹介します。
宛名面の作成は、ワードのはがき宛名面印刷ウィザードを使うとあっという間に仕上がります。
宛名面のレイアウトを調整する方法や連名を追加する方法などもマスターしましょう。

同窓会の幹事もまかせて！出欠確認に欠かせない往復はがきを作ろう

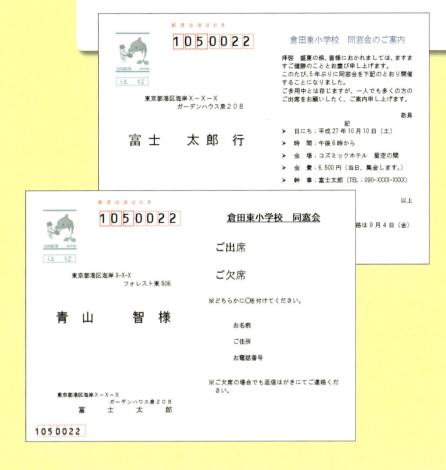

最後のレッスンでは、往復はがきを作る方法をご紹介します。レッスン1からレッスン3で学習したことを活かせば、往復はがきだって簡単に作成できます。ぜひ、往復はがきの作成方法をマスターして、同窓会の幹事をどんどん引き受けてください！

特集1　はがきの宛名面に関するマナー

「長い住所は省略してもいいんだっけ？」
「連名の敬称はどうするんだったっけ？」
はがきの宛名面は、相手の顔ともいえる名前や会社名、住所など大切な情報が満載です。
ここでは、失礼のない宛名面に仕上げるためのちょっとしたマナーをご紹介します。

特集2　年賀状に関するマナー

一年に一度しか出さない年賀状。できれば礼儀正しくやり取りしたいものです。ここでは、そんな年賀状に関するちょっとしたマナーをご紹介します。また、そのほかのはがきに関するマナーもあわせてご紹介します。

チャレンジ①の完成例です。(→P.148)

チャレンジ②の完成例です。(→P.152)

チャレンジ③の完成例です。(→P.156)

チャレンジ④の完成例です。(→P.160)

チャレンジ⑤の完成例です。(→P.162)

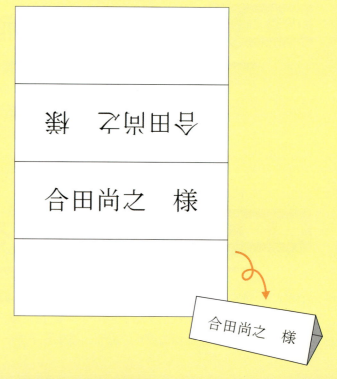

はじめに

旅行や趣味で撮った記念の写真、あなたはどうしていますか。
思い出の写真を使って、はがきや年賀状を手作りしてみてはいかがでしょうか。

本書は、ワードとエクセルの基本操作を習得している方を対象に、はがきや年賀状を作るときのさまざまなノウハウをご紹介しています。
エクセルを使って住所録を作り、データを管理する方法から、ワードを使って年賀状や往復はがきの宛名面と文面を作る方法まで、はがき作成に関する操作方法を習得できる内容になっています。
本書を学習することで、ワードとエクセルを使ってはがきを作ることの楽しさを知っていただき、日常生活でご活用いただければ幸いです。

なお、ワードとエクセルの基本機能の習得には、次のテキストをご活用ください。
●「趣味発見! ワード 2013 入門編」(FKT1413)
●「趣味発見! エクセル 2013 入門編」(FKT1408)

2015年8月3日
FOM出版

◆Microsoft、Excel、Internet Explorer、Windowsは、米国Microsoft Corporationの米国およびその他の国における登録商標または商標です。
◆その他、記載されている会社および製品などの名称は、各社の登録商標または商標です。
◆本文中では、TMや®は省略しています。
◆本文中のスクリーンショットは、マイクロソフトの許可を得て使用しています。
◆本文およびデータファイルで題材として使用している個人名、団体名、商品名、ロゴ、連絡先、メールアドレス、場所、出来事などは、すべて架空のものです。実在するものとは一切関係ありません。

目次

- ●学習の前に……………………………………………………………… 1

● **レッスン1 ワードでプロ並み！しかも簡単！**
  年賀状を作ろう ……………………………………… **5**

  - 1 こんな年賀状を作ろう ………………………………… 6
  - 2 はがきの背景に色を付けよう ………………………… 9
  - 3 ワードアートで祝詞を入れよう ……………………… 12
  - 4 縦書きテキストボックスであいさつ文を入れよう … 18
  - 5 自分で撮影した写真を入れよう ……………………… 23
  - 6 テキストボックスで写真にひと言添えよう ………… 32
  - 7 レイアウトを整えよう ………………………………… 35
  - 8 図形で繭玉を作ろう …………………………………… 38
  - 9 年賀状を印刷しよう …………………………………… 47

● **レッスン2 はがき宛名印刷の必須アイテム**
  エクセルで住所録を作ろう ………………… **51**

  - 1 年賀状の宛名面を作ろう ……………………………… 52
  - 2 こんな住所録を作ろう ………………………………… 53
  - 3 年賀状の住所録に必要な項目名を考えよう ………… 54
  - 4 住所録にデータを入力しよう ………………………… 57
  - 5 住所録をテーブルに変換しよう ……………………… 60
  - 6 テーブルのデザインを変えよう ……………………… 66

7　先頭列を固定してデータを見やすくしよう ………… 68
　　8　テーブルにデータを追加しよう ………………… 70
　　9　データを並べ替えよう ……………………… 72
　　10　フィルターを使ってデータを探そう ……………… 74

●レッスン3　住所録があれば簡単！ はがきの宛名面を印刷しよう ………………… **77**

　　1　こんな宛名面を作ろう ……………………… 78
　　2　縦書きの宛名面を作ろう …………………… 80
　　3　住所録のデータが次から次へと表示されるのはなぜ? … 87
　　4　宛名面のレイアウトを調整しよう ………………… 89
　　5　連名が表示されるようにレイアウトを変更しよう … 94
　　6　喪中欠礼の人を非表示にしよう ………………… 98
　　7　宛名面を印刷しよう ……………………… 100

●レッスン4　同窓会の幹事もまかせて！出欠確認に 欠かせない往復はがきを作ろう ………… **105**

　　1　往復はがきで同窓会の案内状を作ろう ………… 106
　　2　同級生の名前を宛名面に差し込もう ……………… 108
　　3　出欠確認の文面を作ろう ………………… 115
　　4　返信の宛名面に自分の名前を挿入しよう ………… 123
　　5　同窓会の案内状を作ろう ………………… 130

●特集 ……………………………………………………………… **137**

- 特集1 はがきの宛名面に関するマナー……………… 138
  - マナー1 住所は省略していいの？ ………… 138
  - マナー2 敬称や肩書きはどう組み合わせる？… 139
  - マナー3 連名はどのように配置するのがスマート？… 140
- 特集2 年賀状に関するマナー ……………………… 142
  - マナー1 年賀状の祝詞はどれでも一緒？ … 142
  - マナー2 年賀状を出していない人から
    届いたら？ ……………………… 143
  - マナー3 相手が喪中と知らずに年賀状を
    出してしまったら？ …………… 143
  - マナー4 そのほかのはがきに関して
    気を付けることは？ …………… 144

●チャレンジ ……………………………………………………… **147**

- チャレンジ1 年賀状の文面を作ろう ………………… 148
- チャレンジ2 年賀状の宛名面を作ろう ……………… 152
- チャレンジ3 往復はがきを使って
  ゴルフコンペの案内状を作ろう ………… 156
- チャレンジ4 宛名ラベルを作ろう …………………… 160
- チャレンジ5 会議の席札を作ろう …………………… 162
- チャレンジ解答……………………………………… 164

●索引 ……………………………………………………………… **175**

学習の前に

学習を始める前に、ご一読ください。

1 本書の記述について

操作の説明のために使用している記号には、次のような意味があります。

記述	意味	例
	キーボード上のキーを示します。	Enter　Shift
	複数のキーを押す操作を示します。	＋Enter (Shiftを押しながらEnterを押す)
《　》	ダイアログボックス名やタブ名、項目名など画面の表示を示します。	《ページレイアウト》タブ
「　」	重要な語句や機能名、画面の表示、入力する文字列などを示します。	「ページの色」

豆知識　知っておくべき重要な内容　　　※　補足的な内容や注意すべき内容

CoffeeBreak　関連するさまざまな情報　　　ヒント　問題を解くためのヒント

2 製品名の記載について

本書では、次の名称を使用しています。

正式名称	本書で使用している名称
Windows 8.1	ウィンドウズ 8.1 または ウィンドウズ
Microsoft Word 2013	ワード 2013 または ワード
Microsoft Excel 2013	エクセル 2013 または エクセル

3 学習環境について

本書を学習するには、次のソフトウェアが必要です。
また、インターネットに接続できる環境で学習することを前提にしています。

・ウィンドウズ 8.1　　・ワード 2013　　・エクセル 2013

本書を開発した環境は、次のとおりです。
●OS：Windows 8.1 Update（64ビット）
●アプリケーションソフト：Microsoft Word 2013（15.0.4719.1000）
　　　　　　　　　　　　　Microsoft Excel 2013（15.0.4719.1000）

※環境によっては、画面の表示が異なる場合や記載の機能が操作できない場合があります。

4 学習ファイルのダウンロードについて

本書で使用するファイルは、当社のホームページに掲載しています。ダウンロードしてご利用ください。

http://www.fom.fujitsu.com/goods/downloads/

◆ダウンロード

学習ファイルをダウンロードする方法は、次のとおりです。
①ウィンドウズ 8.1のデスクトップ画面を表示します。
②タスクバーの (Internet Explorer)をクリックします。
③アドレスを入力して、Enterを押します。
④FOM出版の《テキストデータダウンロード》のホームページが表示されます。
⑤《OS/パソコン入門》の《趣味発見！おもしろパソコン塾》をクリックします。
⑥《ワードとエクセルでプロ並みはがき作成》のファイル名「fkt1503.zip」をクリックします。
⑦《保存》をクリックします。
⑧ダウンロード完了のメッセージの をクリックし、メッセージを閉じます。
⑨ × （閉じる）をクリックし、インターネット エクスプローラーを終了します。

◆ダウンロードしたファイルの解凍

ダウンロードしたファイルは圧縮されているので、解凍（展開）します。
ダウンロードしたファイル「fkt1503.zip」をデスクトップに解凍する方法は、次のとおりです。

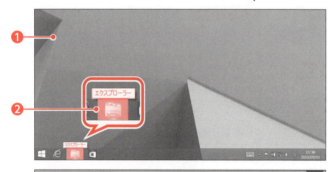

①ウィンドウズ 8.1のデスクトップ画面を表示します。
②タスクバーの （エクスプローラー）をクリックします。

③《お気に入り》の《ダウンロード》をクリックします。
④ファイル「fkt1503」を右クリックします。
⑤《すべて展開》をクリックします。

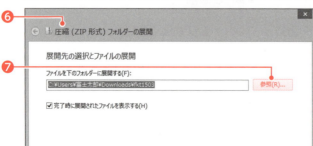

⑥《圧縮（ZIP形式）フォルダーの展開》が表示されます。
⑦《参照》をクリックします。

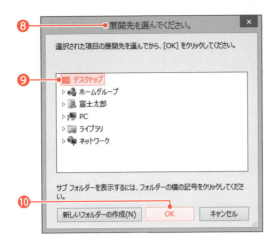

⑧《展開先を選んでください。》が表示されます。
⑨一覧から《デスクトップ》を選択します。
⑩《OK》をクリックします。

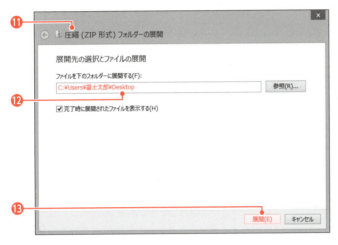

⑪《圧縮(ZIP形式)フォルダーの展開》に戻ります。
⑫《ファイルを下のフォルダーに展開する》が「C:¥Users¥(ユーザー名)¥Desktop」に変更されます。
⑬《展開》をクリックします。
⑭ ✕ (閉じる)をクリックし、ウィンドウを閉じます。

◆学習ファイルの一覧

デスクトップのフォルダー「趣味発見 はがき作成(2013)」には、次のようなファイルが収録されています。フォルダーを開いて確認しましょう。

❶ フォルダー「レッスン○」

各レッスンで使用するファイルが収録されています。
※ファイルはP.23「5 自分で撮影した写真を入れよう」以降で使用します。

❷ フォルダー「チャレンジ」

「チャレンジ」で使用するファイルが収録されています。

❸ フォルダー「完成ファイル」

各レッスンで作成した標準的な完成ファイルが収録されています。

◆学習ファイルの場所

本書では、学習ファイルの場所をデスクトップ上のフォルダー「趣味発見　はがき作成（2013）」としています。デスクトップ以外の場所にコピーした場合は、フォルダーを読み替えてください。

◆ダウンロードしたデータを利用するときの注意点

ダウンロードしたデータを開く際、そのファイルが安全かどうかを確認するメッセージが表示される場合があります。ファイルは安全なので、《編集を有効にする》をクリックして、編集可能な状態にしてください。

5 画面の設定について

◆画面解像度の設定

本書では、画面解像度を「1024×768ピクセル」に設定した環境を基準に、サンプル画面を掲載しています。1024×768ピクセル以外の画面解像度では、ボタンの形状や配置が本書と異なる場合があります。画面解像度を設定するには、次のように操作します。

※画面解像度を変更すると、ウィンドウズ 8.1のスタート画面やデスクトップのアイコンの配置が変更される場合があります。ご注意ください。

①ウィンドウズ 8.1のデスクトップ画面を表示します。
②デスクトップの空き領域を右クリックします。
③《画面の解像度》をクリックします。
④《解像度》の▼をクリックします。
⑤▭をドラッグし、《1024×768》に設定します。
⑥《OK》をクリックします。

※確認メッセージが表示される場合は、《変更を維持する》をクリックします。

◆ワードの設定

本書では、ワードの文書作成画面で、全角空白（□）や半角空白（・）などの編集記号を表示して、サンプル画面を掲載しています。
編集記号の表示・非表示を切り替えるには、次のように操作します。

※ワード（Word）を起動し、新しい文書を作成しておきましょう。

①《ホーム》タブを選択します。
②《段落》グループの ↵ （編集記号の表示/非表示）をクリックします。
※ボタンが青色になります。

※ ✕ （閉じる）をクリックして、ワードを終了しておきましょう。

LESSON 1

ワードでプロ並み！しかも簡単！ 年賀状を作ろう

1. こんな年賀状を作ろう …………………………… 6
2. はがきの背景に色を付けよう……………………… 9
3. ワードアートで祝詞を入れよう …………………… 12
4. 縦書きテキストボックスであいさつ文を入れよう… 18
5. 自分で撮影した写真を入れよう…………………… 23
6. テキストボックスで写真にひと言添えよう ……… 32
7. レイアウトを整えよう……………………………… 35
8. 図形で繭玉を作ろう………………………………… 38
9. 年賀状を印刷しよう………………………………… 47

1 こんな年賀状を作ろう

まずは、年賀状の文面を作っていきましょう。
写真を持ち込めば、年賀状を作ってくれるというサービスがあります。これは、祝詞や挨拶文、レイアウトを選ぶだけなので、とても手軽で簡単ですが、その分お金もかかります。しかも、似たようなデザインがほとんどです。どうせだったら自分らしさが出るオリジナルの年賀状を作って、友人たちをアッと言わせてみませんか？

完成イメージを確認しよう

次のような年賀状の文面を作りましょう。
※ワードを起動し、新しい文書を作成しておきましょう。

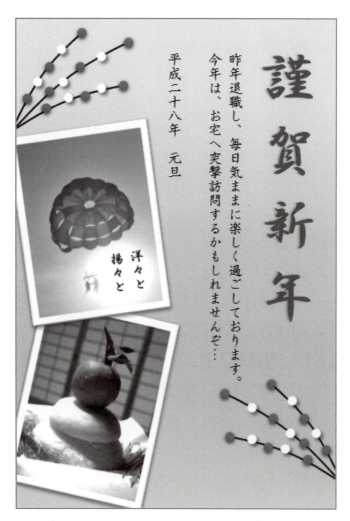

用紙を設定しよう

用紙サイズを「はがき」に設定しましょう。

❶《ページレイアウト》タブを選択します。
❷《ページ設定》グループの サイズ (ページサイズの選択) をクリックします。
❸《はがき》をクリックします。

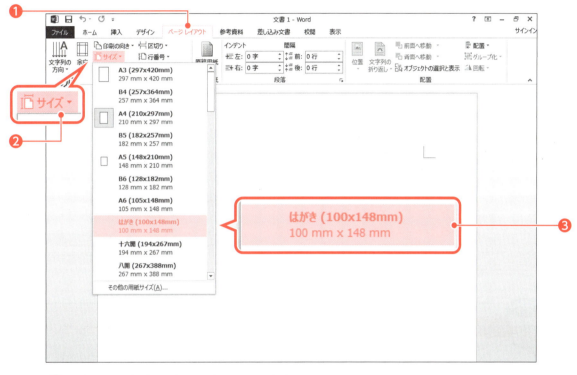

❹用紙サイズがはがきに変更されます。

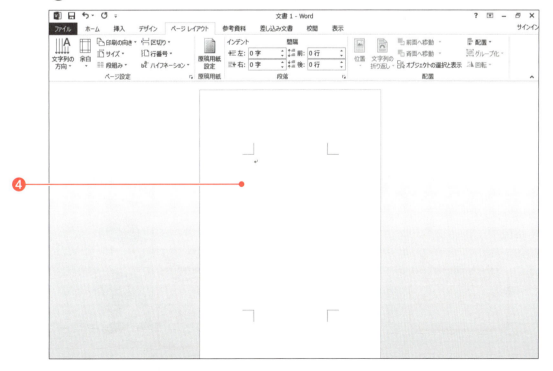

豆知識　余白の設定

用紙サイズをはがきにすると、余白が大きくなり、文字を入力できるスペースがとても狭くなります。テキストボックスや図形などを使って文字を入力する場合は、余白を調整する必要はありません。直接、文字を入力する場合は、余白を調整して、文字を入力できるスペースを広げます。
余白を調整するには、次のように操作します。

❶《ページレイアウト》タブを選択
❷《ページ設定》グループの　（余白の調整）をクリック
❸一覧から選択
※今回は、テキストボックスを使って文字を配置するので、余白の設定は変更しません。

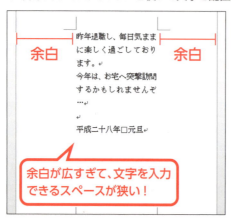

余白が広すぎて、文字を入力できるスペースが狭い！

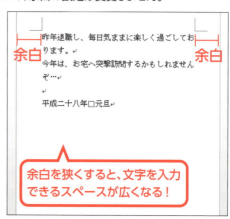

余白を狭くすると、文字を入力できるスペースが広くなる！

CoffeeBreak　どんな年賀状を選べばいいの？

ひと言で「年賀状」といっても、絵入りのものや無地のもの、うっすらと色の付いたものなど、いろいろな種類の年賀状がありますよね。それに、私製の絵はがきなども年賀状として扱うことができます。
色や絵などは好みによって選べばいいのですが、迷うのが「インクジェット紙」や「インクジェット写真用」などと明記してある年賀状ではないでしょうか。
「インクジェット」というのは、プリンターの種類のことです。インクジェットプリンターで出力する場合は、「インクジェット紙」「インクジェット写真用」のどちらかを使うとよいでしょう。そして、文面に写真を入れる場合は、「インクジェット写真用」を選ぶと、写真がよりきれいに印刷できます。

写真がないので、インクジェット紙でOK！

写真があるので、インクジェット写真用にするときれい！

2 はがきの背景に色を付けよう

通常、はがきは白いので文字や写真、イラストなどを配置しただけでは少しさびしい印象になってしまうことがあります。
そんなときは、ページに背景色を設定してみましょう。背景色を設定することで、ガラッと印象が変わります。

テーマの色を設定しよう

テーマの色を「マーキー」に設定しましょう。

❶《デザイン》タブを選択します。
❷《ドキュメントの書式設定》グループの (テーマの色)をクリックします。
❸《マーキー》をクリックします。

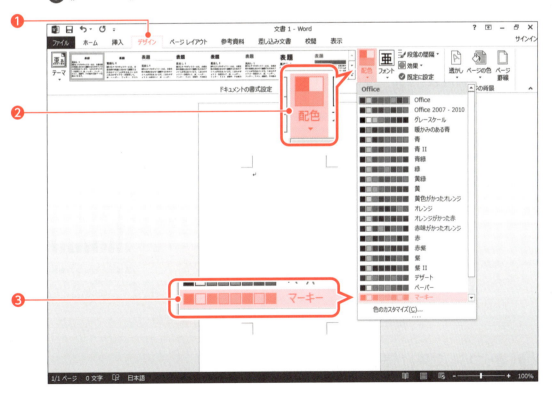

豆知識　テーマの色の設定

年賀状を作るとき、文字や背景の色を何色にするかというのは悩みどころです。背景を何色にするか、文字を何色にするか、アクセントになる色を何色にするかで、読む人に与える印象はずいぶんと変わってきますね。
ワードには、あらかじめ色の組み合わせが「テーマの色」として用意されています。テーマの色には、いろいろな種類があり、それぞれ名前が付けられています。文書を作り始めるときに自分が作りたいイメージに合わせてテーマの色を設定しておくと、🅰︎▼（フォントの色）や（ページの色）をクリックして表示される一覧に、設定しているテーマの色が表示されます。一覧から選択して文字や背景に色を付けていけば、テーマにそった配色で紙面が出来上がり、全体的に統一した色づかいになります。

背景に色を付けよう

はがきの背景に、次のような色を設定しましょう。

ページの色	：2色のグラデーション 　色1：緑、アクセント2、白+基本色80％ 　色2：緑、アクセント2、白+基本色40％
グラデーションの種類	：横
バリエーション	：左上

❶《デザイン》タブを選択します。
❷《ページの背景》グループの（ページの色）をクリックします。
❸《塗りつぶし効果》をクリックします。

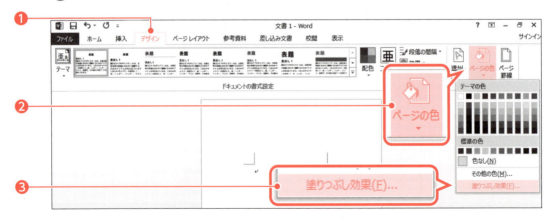

❹《塗りつぶし効果》が表示されます。
❺《グラデーション》タブを選択します。
❻《色》の《2色》を◉にします。
❼《色1》の▼をクリックし、《テーマの色》の《緑、アクセント2、白+基本色80％》をクリックします。

❽《色2》の▼をクリックし、《テーマの色》の《緑、アクセント2、白+基本色40%》をクリックします。

❾《グラデーションの種類》の《横》を◉にします。

❿《バリエーション》の左上をクリックします。

⓫《OK》をクリックします。

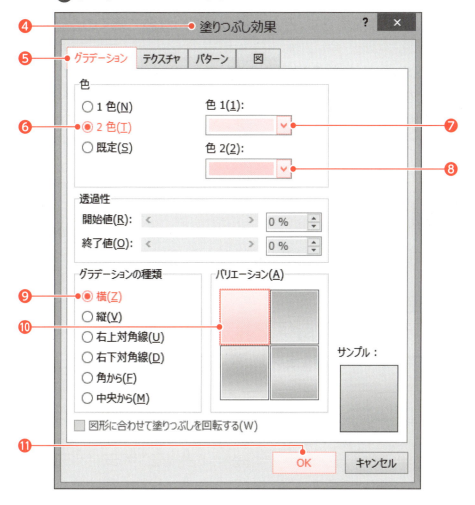

⓬背景に色が設定されます。

☕CoffeeBreak 色付き年賀状を使うと

「わざわざ背景に色を付けなくても、色付き年賀状を使えばいいんじゃないの?」と考える方もいるかもしれませんね。

たしかに、色付き年賀状もきれいな色をしています。そして、あらかじめ色が付いているので、あらためて背景の色を設定する必要はありません。ただ、実際に色付き年賀状に印刷してみると、写真やイラストなどの部分がくすんだような、濁ったような感じになってしまいます。これは、色付き年賀状そのものの紙の色と、写真などを印刷するときのカラーインクの色が重なってしまうためです。

そのため、写真やイラストなどを使う年賀状の場合は、無地の年賀状を用意し、ワードで背景に色を設定した方がきれいに仕上がります。

レッスン1 ワードでプロ並み！しかも簡単！ 年賀状を作ろう

3 ワードアートで祝詞を入れよう

年賀状といえば、まずは祝詞です。どんな祝詞をどんな色で書くのか迷いますね。
年賀状の文面のメインともなる祝詞なので、フォントやフォントサイズ、フォントの色などを目立つように設定するとよいでしょう。
そんなときに便利なのが、ワードアートです。文字にいろいろな装飾がされているので、インパクトのある祝詞が作れますよ。

ワードアートを挿入しよう

ワードアートを使って「謹賀新年」という祝詞を挿入しましょう。

❶《挿入》タブを選択します。
❷《テキスト》グループの (ワードアートの挿入)をクリックします。
❸《塗りつぶし-アクア、アクセント1、影》をクリックします。

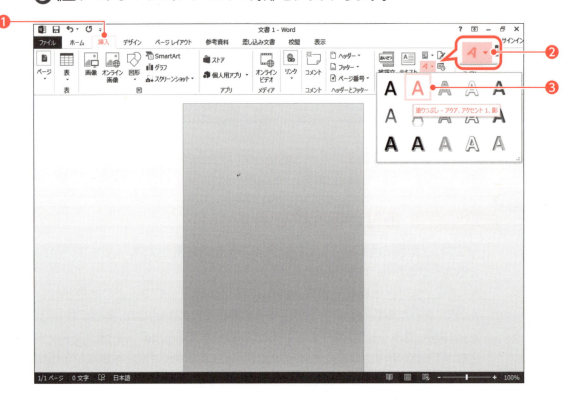

12

❹「ここに文字を入力」が選択されていることを確認します。

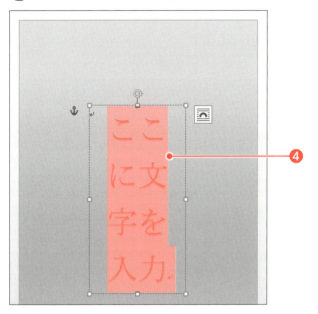

❺「謹賀新年」と入力します。

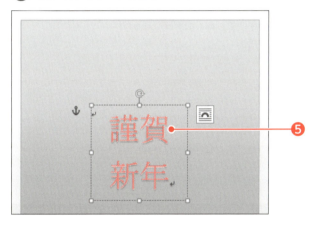

豆知識　ワードアートのハンドル

ワードアートを選択すると、周囲に□や🔄が表示されます。この□や🔄は「ハンドル」と呼ばれ、ワードアートの枠のサイズを変更したり、回転したりするときに使います。

●**サイズ変更**
□（ハンドル）をポイントし、マウスポインターの形が↘↗↕↔に変わったらドラッグ
※フォントサイズは変更されません。

●**回転**
🔄（ハンドル）をポイントし、マウスポインターの形が🔄に変わったらドラッグ

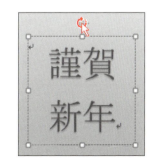

縦書きに変更しよう

ワードアートの文字列の方向を縦に変更しましょう。

❶ ワードアートの周囲の点線をクリックして、ワードアートを選択します。
❷ 《書式》タブを選択します。
❸ 《テキスト》グループの 文字列の方向 ▼（文字列の方向）をクリックします。
❹ 《縦書き》をクリックします。

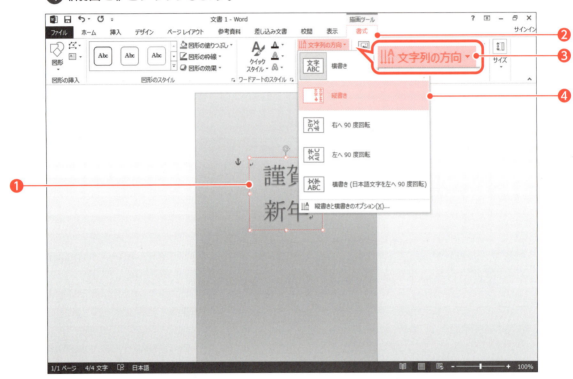

❺ ワードアートの文字列が縦方向に変更されます。

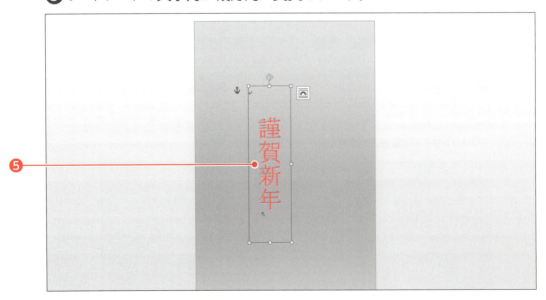

ワードアートの書式を設定しよう

ワードアートに、次の書式を設定しましょう。

```
フォントの色    ：濃い赤
フォント        ：HG行書体
フォントサイズ  ：48
均等割り付け
```

❶ ワードアートが選択されていることを確認します。

❷《書式》タブを選択します。

❸《ワードアートのスタイル》グループの A （文字の塗りつぶし）の をクリックします。

❹《標準の色》の《濃い赤》をクリックします。

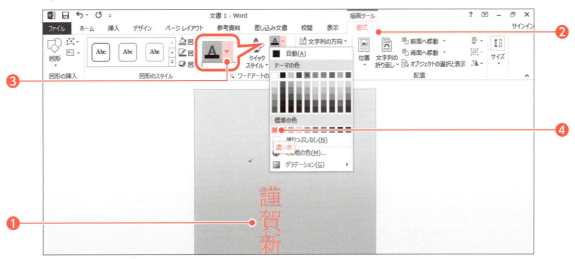

❺《ホーム》タブを選択します。

❻《フォント》グループの MS 明朝(本) （フォント）の をクリックします。

❼《HG行書体》をクリックします。

❽《フォント》グループの 36 （フォントサイズ）の をクリックします。

❾《48》をクリックします。

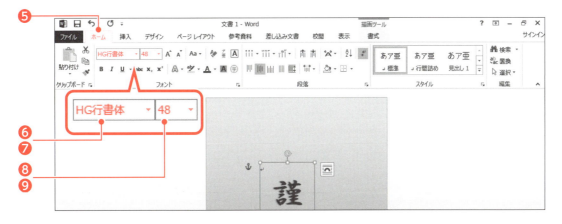

❿《段落》グループの▦（均等割り付け）をクリックします。

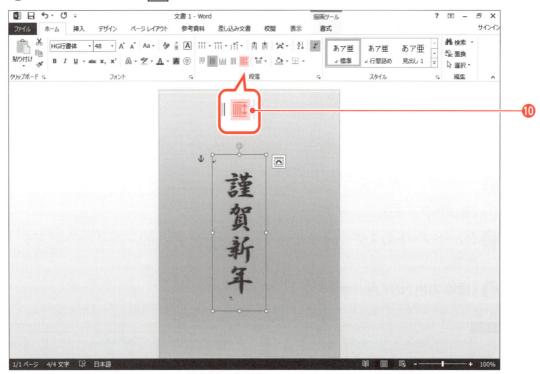

⓫ワードアートに書式が設定されます。

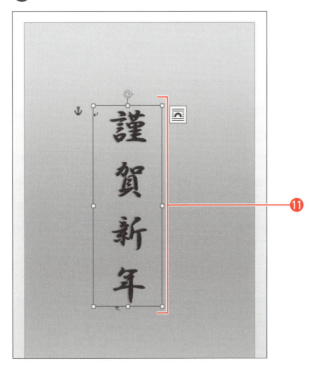

ワードアートを移動しよう

ワードアートをはがきの右上に移動しましょう。

❶ワードアートが選択されていることを確認します。

❷ワードアートの枠線上をポイントします。

❸マウスポインターの形が に変わります。

❹図のようにドラッグします。
※ドラッグ中、マウスポインターの形が になります。

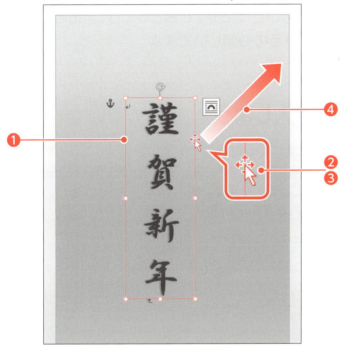

❺ワードアートが移動します。

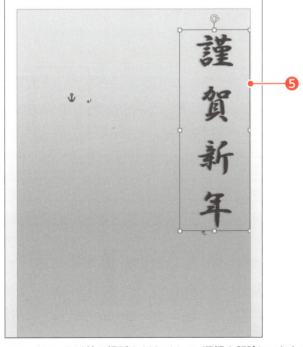

※ワードアート以外の場所をクリックして、選択を解除しておきましょう。

4 縦書きテキストボックスであいさつ文を入れよう

年賀状といえば、決まったあいさつがありますよね。
「旧年中は大変お世話になりました」
「本年もどうぞよろしくお願い申し上げます」
これらは、感謝の意を表す大切なあいさつです。でもときには、自分らしいあいさつを考えて、近況を伝えてみるのも楽しいですよ。

縦書きテキストボックスを挿入しよう

縦書きテキストボックスを使って、次のような文章を入力しましょう。

> 昨年退職し、毎日気ままに楽しく過ごしております。↵
> 今年は、お宅へ突撃訪問するかもしれませんぞ…↵
> ↵
> 平成二十八年□元旦

※↵で[Enter]を押して、改行します。
※□で[　　　]（スペース）を押して、空白を入力します。

❶《挿入》タブを選択します。
❷《テキスト》グループの [テキストボックス]（テキストボックスの選択）をクリックします。
❸《縦書きテキストボックスの描画》をクリックします。
❹マウスポインターの形が ✚ に変わります。

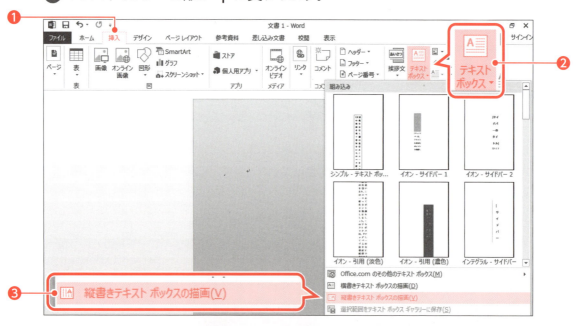

❺図のように左上から右下にドラッグします。

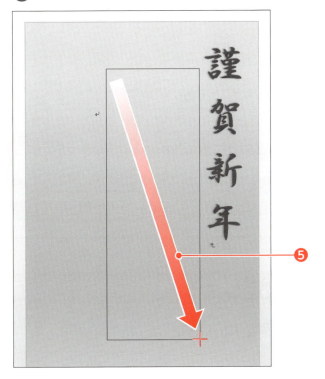

❻文字を入力します。

❼図の位置をポイントし、マウスポインターの形が I に変わったらクリックします。

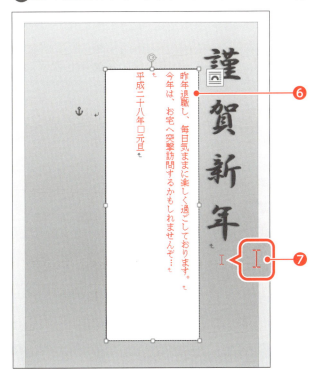

❽テキストボックスの選択が解除されます。

豆知識　テキストボックスのサイズ変更

テキストボックスは、最初に適当なサイズで作って文字を入力します。入力する文字が多かったり、入力後にフォントサイズなどを変更したりすると、テキストボックスのサイズよりも文字がはみ出してしまうこともあります。そのような場合は、テキストボックスのサイズを変更します。
テキストボックスのサイズを変更するには、□（ハンドル）をドラッグします。

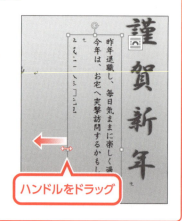

ハンドルをドラッグ

テキストボックスに書式を設定しよう

テキストボックスに、次の書式を設定しましょう。

```
図形の塗りつぶし　：塗りつぶしなし
図形の枠線　　　　：線なし
フォント　　　　　：HG正楷書体-PRO
フォントサイズ　　：12ポイント
```

❶テキストボックス内をクリックします。

❷テキストボックスの枠線上をクリックして、テキストボックスを選択します。

❸《書式》タブを選択します。

❹《図形のスタイル》グループの 図形の塗りつぶし▼ （図形の塗りつぶし）をクリックします。

❺《塗りつぶしなし》をクリックします。

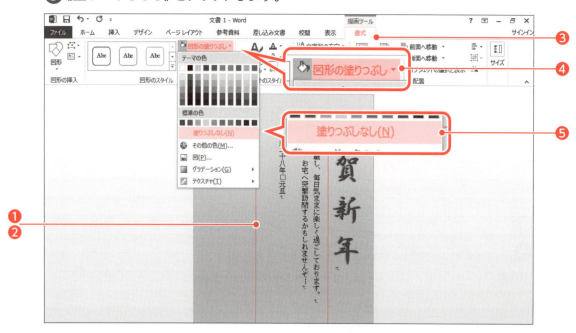

❻《図形のスタイル》グループの 図形の枠線▼ （図形の枠線）をクリックします。

❼《線なし》をクリックします。

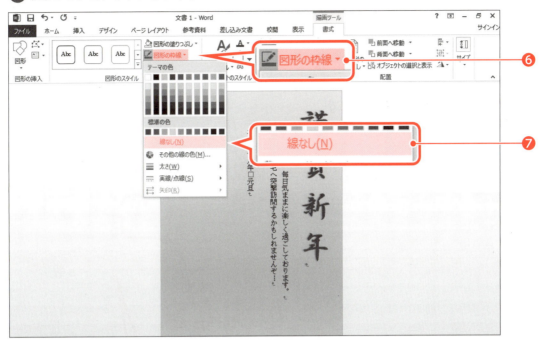

❽《ホーム》タブを選択します。

❾《フォント》グループの MS明朝(本▼ （フォント）の ▼ をクリックします。

❿《HG正楷書体-PRO》をクリックします。

⓫《フォント》グループの 10.5 ▼ （フォントサイズ）の ▼ をクリックします。

⓬《12》をクリックします。

⓭テキストボックスに書式が設定されます。

※テキストボックス内にすべての文字が表示されなくなった場合は、テキストボックスのサイズを調整しておきましょう。

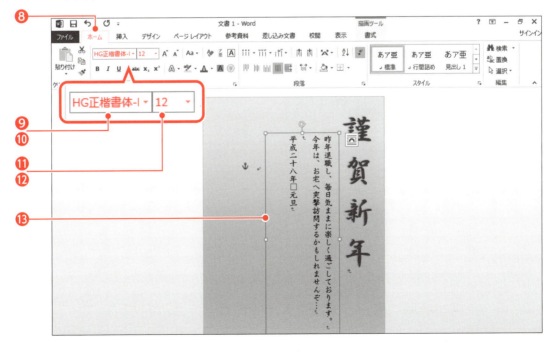

ワードアートとテキストボックスの位置を揃えよう

ワードアートとテキストボックスの上端を揃えましょう。

❶ワードアートを選択します。
❷[Shift]を押したまま、テキストボックスを選択します。
❸《書式》タブを選択します。
❹《配置》グループの (オブジェクトの配置)をクリックします。
❺《上揃え》をクリックします。

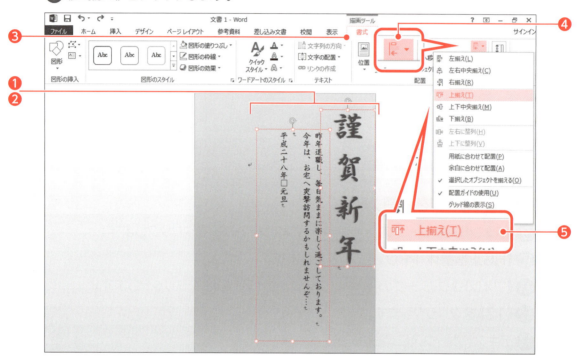

❻ワードアートとテキストボックスの上端が同じ高さに揃えられます。
※ワードアートとテキストボックス以外の場所をクリックして、選択を解除しておきましょう。

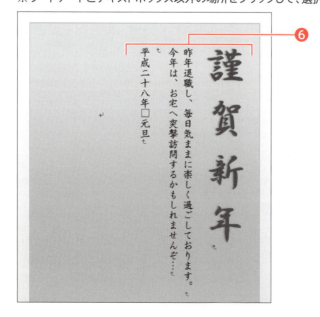

5 自分で撮影した写真を入れよう

旅先で撮った写真や家族の写真、ペットの写真など、お気に入りの写真を年賀状に入れてみましょう。年賀状に載せる写真は、今年の自分を象徴するような写真を用意できるといいですね。近況報告も兼ねた楽しい年賀状になりますよ。

写真を挿入しよう

準備した写真「パラセーリング」を挿入しましょう。
※ここで使用する写真は、当社ホームページよりダウンロードしてください。(→P.2参照)

❶図の位置にカーソルを移動します。
❷《挿入》タブを選択します。
❸《図》グループの (画像ファイル) をクリックします。

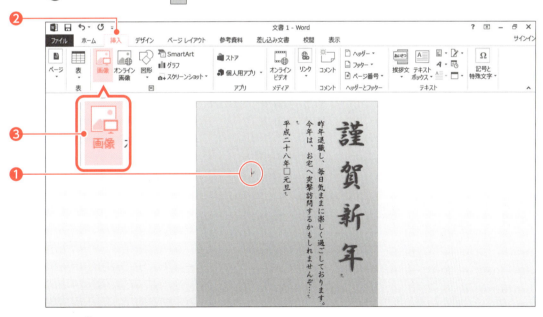

豆知識 写真挿入時のカーソルの位置

写真を挿入するときは、カーソルの位置に注意しましょう。
テキストボックス内にカーソルが表示されている状態で写真を挿入すると、テキストボックス内に写真が挿入されます。テキストボックス内に写真を挿入すると、文字列の折り返しが設定できないなど、このあとの操作がテキストどおりにできない可能性があります。

❹《図の挿入》が表示されます。
❺左側の一覧から《デスクトップ》を選択します。
❻フォルダー「趣味発見　はがき作成（2013）」をダブルクリックします。
❼フォルダー「レッスン1」をダブルクリックします。
❽一覧から「パラセーリング」を選択します。
❾《挿入》をクリックします。

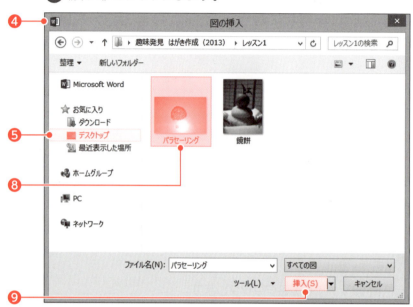

❿写真が挿入されます。

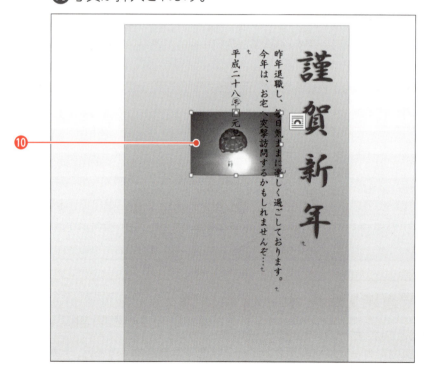

文字列の折り返しを設定しよう

写真を挿入しただけではその写真を年賀状の好きな位置に移動することができません。写真を自由な位置に移動するには、「**文字列の折り返し**」を設定する必要があります。文字列の折り返しを「**前面**」に設定しましょう。

❶写真を選択します。
❷ ![] （レイアウトオプション）をクリックします。
❸《**文字列の折り返し**》の ![] （前面）をクリックします。
❹《レイアウトオプション》の ✕ （閉じる）をクリックします。

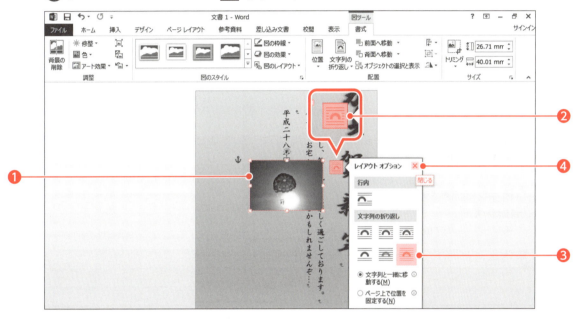

写真のサイズを変更しよう

写真のサイズの縦横比が変わらないように、高さを「**55mm**」に変更しましょう。

❶写真を選択します。
❷《**書式**》タブを選択します。
❸《**サイズ**》グループの ![] をクリックします。

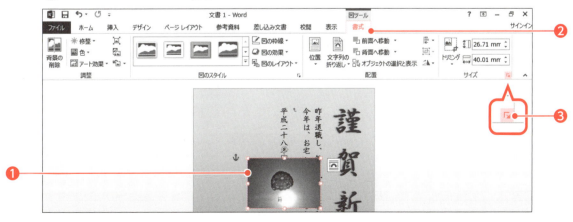

❹《レイアウト》が表示されます。

❺《サイズ》タブを選択します。

❻《倍率》の《縦横比を固定する》が☑になっていることを確認します。

❼《高さ》を「55mm」に設定します。

※《縦横比を固定する》が☑の場合、《高さ》を変更すると、自動的に《幅》も変更されます。

❽《OK》をクリックします。

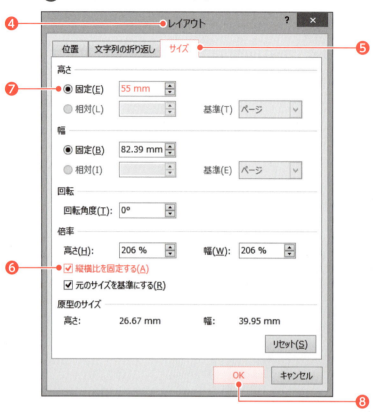

❾写真のサイズが変更されます。

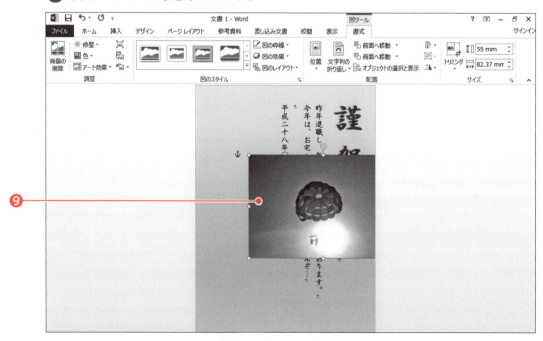

写真を移動しよう

写真をはがきの左上に移動しましょう。

❶写真をポイントします。

❷マウスポインターの形が に変わります。

❸図のようにドラッグします。
※ドラッグ中、マウスポインターの形が に変わります。

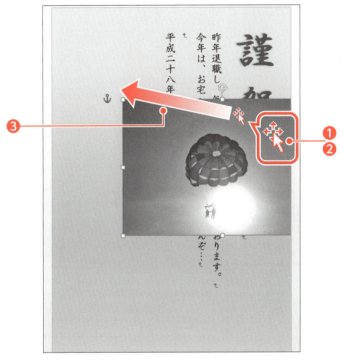

❹写真が移動します。

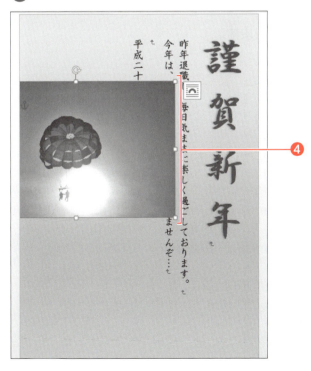

写真をトリミングしよう

はがきを縦置きにしているため、写真も同じように縦置きになるようにトリミングします。写真の縦を基準に、縦横比が「3：4」になるようにトリミングし、パラシュートが中央に表示されるように位置を調整しましょう。

❶写真を選択します。

❷《書式》タブを選択します。

❸《サイズ》グループの (トリミング) の をクリックします。

❹《縦横比》をポイントします。

❺《縦》の《3：4》をクリックします。

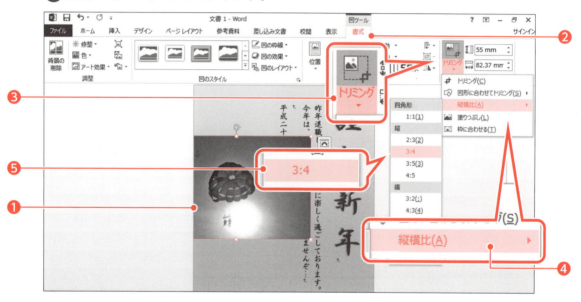

❻図のようにポイントします。

❼マウスポインターの形が に変わります。

❽図のようにドラッグします。

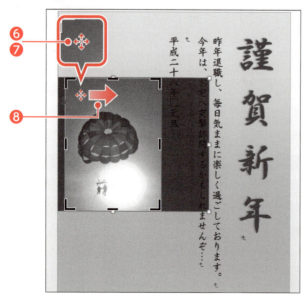

❾写真以外の場所をクリックします。

❿写真がトリミングされます。

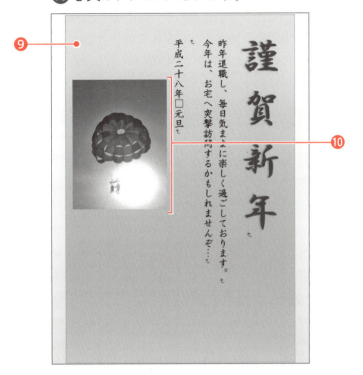

写真にスタイルを設定しよう

挿入した写真に白フチを付けて、写真らしく見えるようにします。
写真にスタイル「シンプルな枠、白」を設定しましょう。

❶写真を選択します。
❷《書式》タブを選択します。
❸《図のスタイル》グループの ▽ (その他) をクリックします。
❹《シンプルな枠、白》をクリックします。

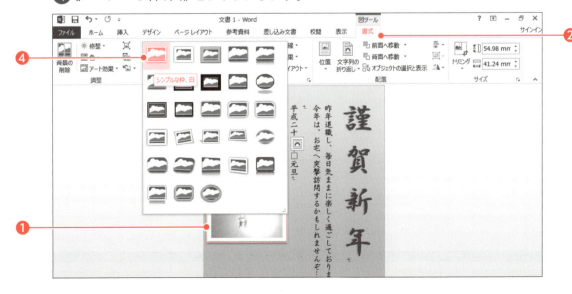

❺写真にスタイルが設定されます。

※写真をはがきの左に移動しておきましょう。

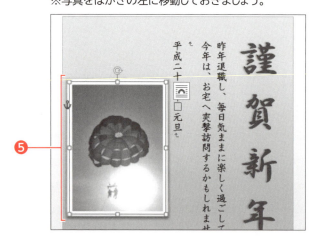

写真を修整しよう

写真の明るさを、次のように修整しましょう。

> 明るさ：0％（標準）　コントラスト：+20％

❶写真を選択します。
❷《書式》タブを選択します。
❸《調整》グループの　修整 ▼ （修整）をクリックします。
❹《明るさ/コントラスト》の《明るさ：0％（標準）　コントラスト：+20％》をクリックします。

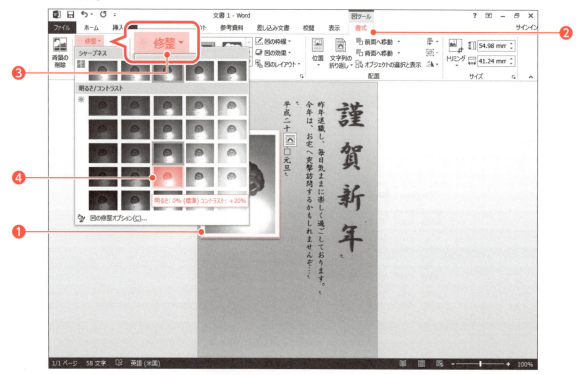

❺写真の明るさが変更されます。

ためしてみよう

完成図を参考に、❶〜❺を操作しましょう。

●完成図

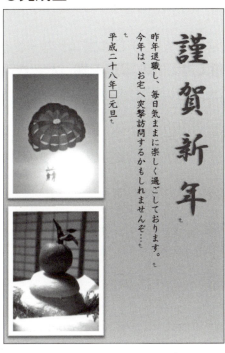

❶ 写真「鏡餅」を挿入しましょう。

※ここで使用する写真は、当社ホームページよりダウンロードしてください。(→P.2参照)
※写真「鏡餅」は、フォルダー「趣味発見　はがき作成（2013）」内の「レッスン1」にあります。

❷ 写真「鏡餅」の文字列の折り返しを「前面」に設定しましょう。

❸ 写真「鏡餅」のサイズの縦横比が変わらないように、高さを「55mm」に変更しましょう。

❹ 写真「鏡餅」に図のスタイル「シンプルな枠、白」を設定しましょう。

❺ 写真「鏡餅」の明るさを「明るさ:＋20%　コントラスト:-20%」に修正しましょう。

※次の操作のために、写真「鏡餅」を左下に移動させておきましょう。

ためしてみよう　解答

❶
① 《挿入》タブを選択
② 《図》グループの ▣ （画像ファイル）をクリック
③ 左側の一覧から《デスクトップ》を選択
④ フォルダー「趣味発見　はがき作成（2013）」をダブルクリック
⑤ フォルダー「レッスン1」をダブルクリック
⑥ 一覧から「鏡餅」を選択
⑦ 《挿入》をクリック

❷
① 写真「鏡餅」を選択
② ▣ （レイアウトオプション）をクリック
③ 《文字列の折り返し》の ▣ （前面）をクリック
④ 《レイアウトオプション》の ✕ （閉じる）をクリック

❸
① 写真「鏡餅」を選択
② 《書式》タブを選択
③ 《サイズ》グループの ▣ をクリック
④ 《サイズ》タブを選択
⑤ 《倍率》の《縦横比を固定する》を ☑ にする
⑥ 《高さ》を「55mm」に設定
⑦ 《OK》をクリック

❹
① 写真「鏡餅」を選択
② 《書式》タブを選択
③ 《図のスタイル》グループの ▼ （その他）をクリック
④ 《シンプルな枠、白》をクリック

❺
① 写真「鏡餅」を選択
② 《書式》タブを選択
③ 《調整》グループの ▣ 修整▾ （修正）をクリック
④ 《明るさ/コントラスト》の《明るさ:＋20%　コントラスト:-20%》をクリック

レッスン1 ワードでプロ並み！しかも簡単！ 年賀状を作ろう

6 テキストボックスで写真にひと言添えよう

きれいに撮れた写真でも、そのまま載せておくだけではポストカードと同じで、誰がその写真を使っても同じ印象です。その写真を撮ったときの場面や思いなどが感じられるひと言を添えると、写真が生き生きとしてきますよ。

縦書きテキストボックスを挿入しよう

写真「パラセーリング」にひと言添えるための縦書きテキストボックスを挿入し、「洋々と 揚々と」と入力しましょう。

❶《挿入》タブを選択します。
❷《テキスト》グループの をクリックします。
❸《縦書きテキストボックスの描画》をクリックします。

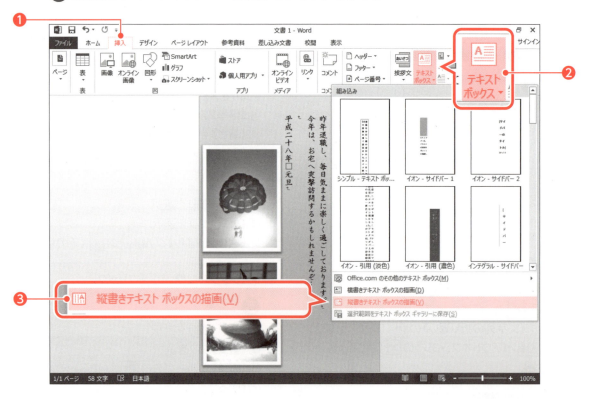

❹図のように、左上から右下にドラッグします。

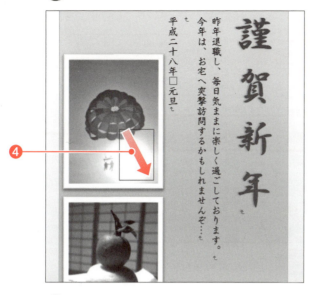

❺文字を入力します。
※テキストボックスのサイズと位置を調整しておきましょう。

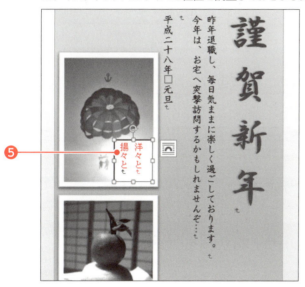

テキストボックスに書式を設定しよう

テキストボックスに、次の書式を設定しましょう。

```
図形の塗りつぶし ：塗りつぶしなし
図形の枠線       ：線なし
フォント         ：HG行書体
フォントサイズ   ：12ポイント
```

❶テキストボックスを選択します。

❷《書式》タブを選択します。

❸《図形のスタイル》グループの 図形の塗りつぶし▼ （図形の塗りつぶし）をクリックします。

❹《塗りつぶしなし》をクリックします。

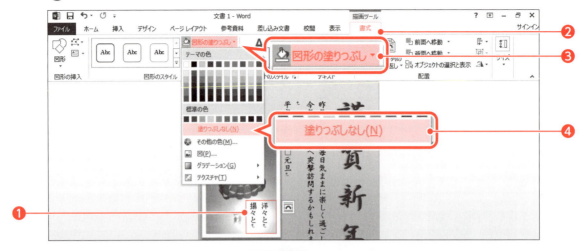

❺《図形のスタイル》グループの 図形の枠線▼ （図形の枠線）をクリックします。

❻《線なし》をクリックします。

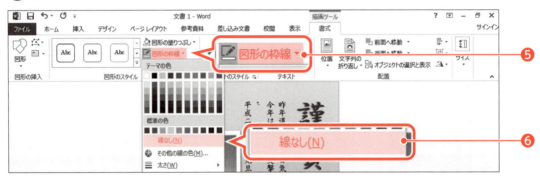

❼《ホーム》タブを選択します。

❽《フォント》グループの MS 明朝(本▼ （フォント）の▼をクリックします。

❾《HG行書体》をクリックします。

❿《フォント》グループの 10.5▼ （フォントサイズ）の▼をクリックします。

⓫《12》をクリックします。

⓬テキストボックスに書式が設定されます。

※テキストボックス内にすべての文字が表示されなくなった場合は、テキストボックスのサイズを調整しておきましょう。

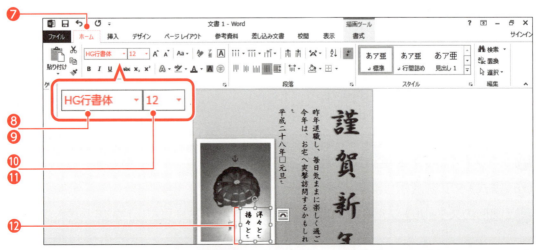

7 レイアウトを整えよう

写真にひと言添えることで、自分らしさの感じられる年賀状になってきました。しかし、ただ写真を並べているだけでは、見ている人に楽しい印象を与えないかもしれません。
次は、写真を回転することで少しカジュアルな印象を加え、さらに生き生きとした年賀状にしていきましょう。

写真とテキストボックスをグループ化しよう

今の状態では、写真を回転してもテキストボックスは回転しません。写真とテキストボックスが一緒に回転するようにグループ化しましょう。

❶写真「パラセーリング」を選択します。
❷ Shift を押したまま、写真「パラセーリング」上にあるテキストボックスを選択します。

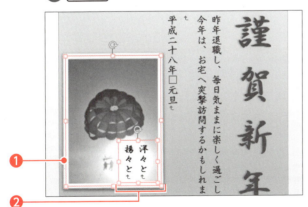

❸《描画ツール》の《書式》タブを選択します。
※《図ツール》の《書式》タブを選択してもかまいません。
❹《配置》グループの (オブジェクトのグループ化)をクリックします。
❺《グループ化》をクリックします。

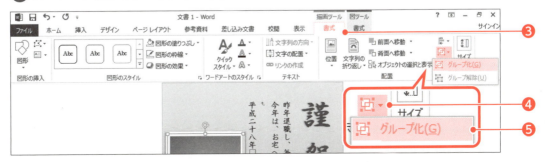

35

❻写真「パラセーリング」とテキストボックスがグループ化されます。

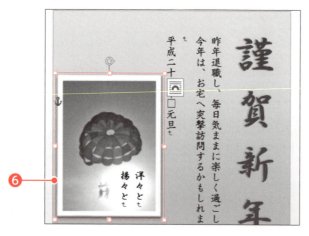

写真を回転しよう

🔄（ハンドル）を使って、写真「パラセーリング」を左方向に回転しましょう。

❶写真「パラセーリング」を選択します。
❷🔄（ハンドル）をポイントします。
❸マウスポインターの形が に変わります。

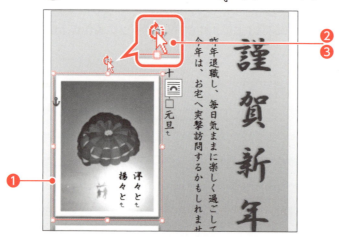

❹図のようにドラッグします。
※ドラッグ中、マウスポインターの形が に変わります。

❺写真が回転します。

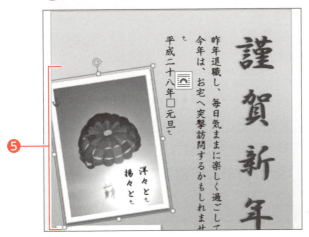

ためしてみよう

完成図を参考に、❶～❷を操作しましょう。

●完成図

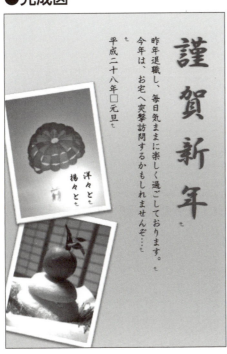

❶写真「鏡餅」を右方向に回転しましょう。

❷写真「パラセーリング」と写真「鏡餅」の位置を調整しましょう。

ためしてみよう　解答

❶
①写真「鏡餅」を選択
②（ハンドル）をポイントし、右方向にドラッグして回転

❷
①完成図を参考に、写真「パラセーリング」と写真「鏡餅」の位置を調整

レッスン1 ワードでプロ並み！しかも簡単！年賀状を作ろう

8 図形で繭玉を作ろう

自分らしいあいさつと写真、ひと言を盛り込むことができましたね。これで完成！としたいところですが、少し年賀状らしさが足りない気がしませんか？最後に、図形を使ってお正月らしい飾りを作り、年賀状を華やかに飾り付けましょう。

曲線で繭玉の枝を作ろう

お正月らしくなるように、図形を使って繭玉を作ります。

●繭玉の完成イメージ

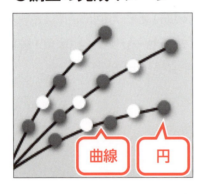

「曲線」を使って繭玉の枝部分を作り、スタイル「光沢（線）-濃色1」を設定しましょう。

❶《挿入》タブを選択します。

❷《図》グループの (図形の作成) をクリックします。

❸《線》の (曲線) をクリックします。

❹マウスポインターの形が ╋ に変わります。

❺図の位置をクリックします。

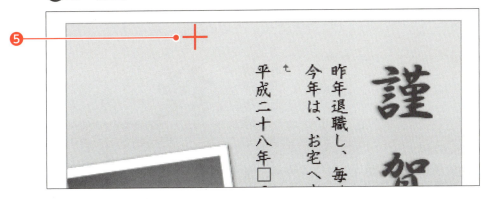

❻図の位置をクリックします。

❼枝の終点の位置でダブルクリックします。
❽曲線が作成されます。

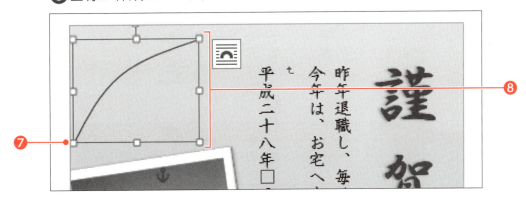

❾《書式》タブを選択します。
❿《図形のスタイル》グループの ▼ (その他) をクリックします。
⓫《光沢(線)-濃色1》をクリックします。

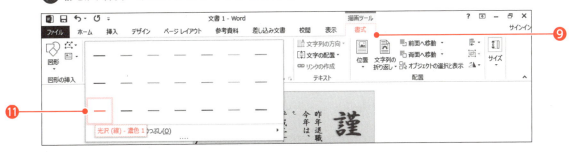

❷ 図形にスタイルが設定されます。

図形をコピーしよう

曲線をコピーして枝を3本にしましょう。

❶ 曲線を選択します。

❷ 曲線をポイントします。

❸ マウスポインターの形が に変わったら、 Ctrl を押したまま、図のようにドラッグしてコピーします。

※ドラッグ中、マウスポインターの形が になります。

❹ 曲線がコピーされます。

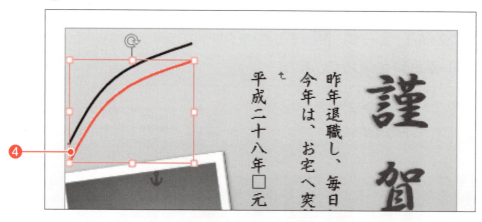

❺ 同様に、3つ目の曲線をコピーします。

ためしてみよう

完成図を参考に、曲線を回転したり、長さを変更したりして配置を整えましょう。

●完成図

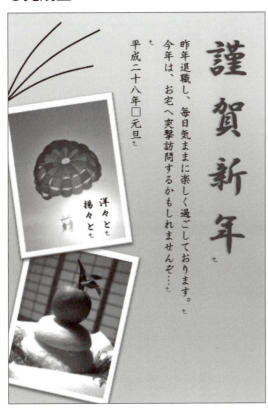

ためしてみよう　解答

①曲線を選択
②曲線の ⟲（ハンドル）をドラッグし、完成図を参考に回転
③曲線の□（ハンドル）をドラッグし、完成図を参考に長さを調整
④完成図を参考に、曲線の位置を調整

円で繭玉を作ろう

円を使って真円を作り、スタイル「光沢-赤、アクセント6」を設定しましょう。
次に、作った真円をコピーして、白い繭玉を作りましょう。

❶《挿入》タブを選択します。
❷《図》グループの (図形の作成) をクリックします。
❸《基本図形》の (円/楕円) をクリックします。
❹マウスポインターの形が ✛ に変わります。

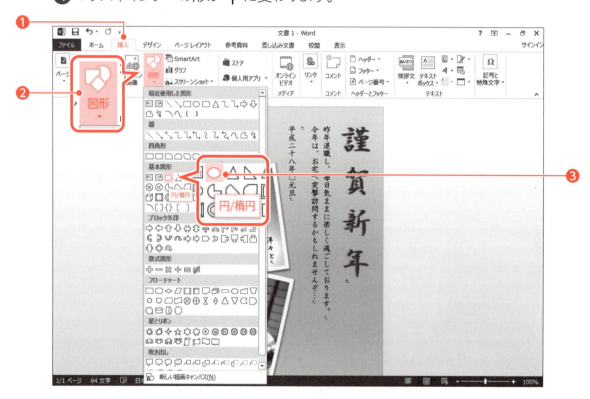

❺ Shift を押したまま、ドラッグします。
※ Shift を押したまま、ドラッグすると真円を作成できます。

❻真円が作成されます。

❼《書式》タブを選択します。

❽《図形のスタイル》グループの ▼ (その他)をクリックします。

❾《光沢-赤、アクセント6》をクリックします。

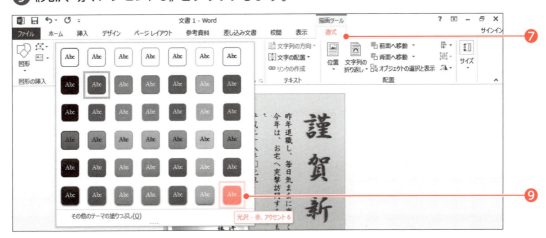

❿図形にスタイルが設定されます。

⓫作成した真円をポイントします。

⓬マウスポインターの形が に変わったら、 Ctrl を押したままドラッグしてコピーします。

※ドラッグ中、マウスポインターの形が に変わります。

⓭《図形のスタイル》グループの 図形の塗りつぶし (図形の塗りつぶし) をクリックします。

⓮《テーマの色》の《白、背景1》をクリックします。

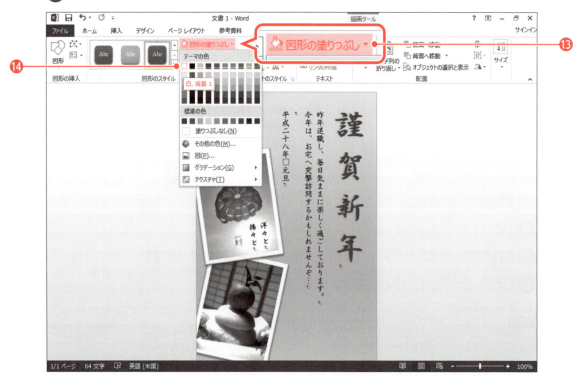

⓯ 図形に書式が設定されます。

⓰ 作った2つの図形をコピーして、真円を13個作ります。

※完成図を参考に、真円の位置を調整しておきましょう。

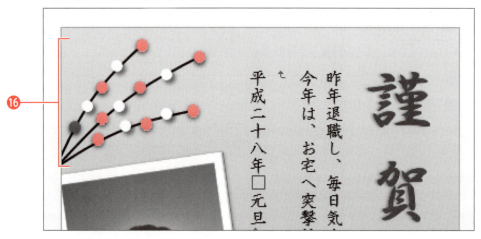

豆知識　図形の移動

図形をほんの少し右にずらしたいというようなときに、ドラッグで移動するのが難しい場合があります。そのような場合は、図形を選択し、→←↑↓を押すとよいでしょう。→←↑↓を押すたびに少しずつ移動するので、実際に目で確認しながら移動できます。

図形をグループ化しよう

作った枝と繭玉をひとつの図形としてグループ化しましょう。

❶作った枝を選択します。
❷[Shift]を押したまま、作った枝と繭玉をすべて選択します。
❸《書式》タブを選択します。
❹《配置》グループの (オブジェクトのグループ化) をクリックします。
❺《グループ化》をクリックします。

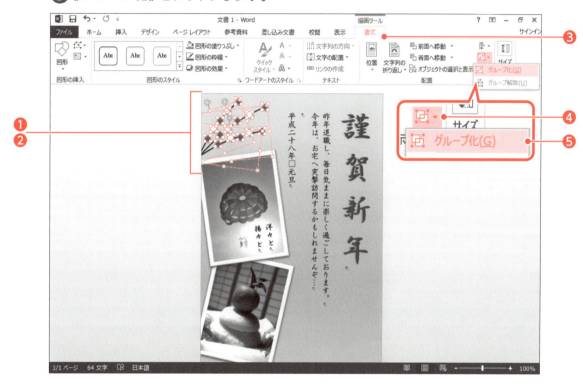

❻枝と繭玉がグループ化されます。

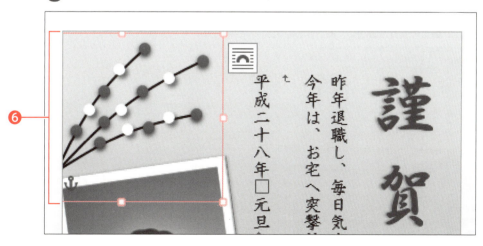

はがきの反対側に同じ図形を作ろう

繭玉をはがきの右下部分にコピーし、左右反転してレイアウトを整えましょう。

❶作った繭玉をポイントします。

❷マウスポインターの形が に変わったら、Ctrl を押したままはがきの右下までドラッグしてコピーします。

※ドラッグ中、マウスポインターの形が になります。

❸《書式》タブを選択します。

❹《配置》グループの (オブジェクトの回転) をクリックします。

❺《左右反転》をクリックします。

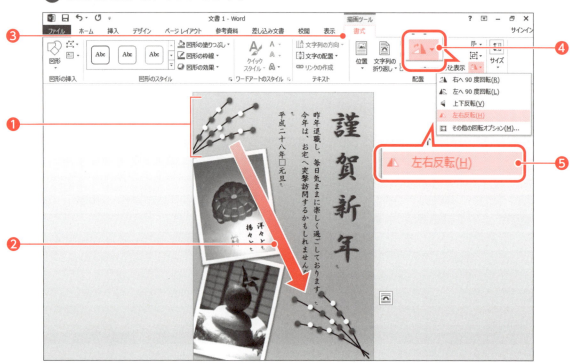

❻繭玉が反転します。

※完成図を参考に、繭玉の位置を調整しておきましょう。

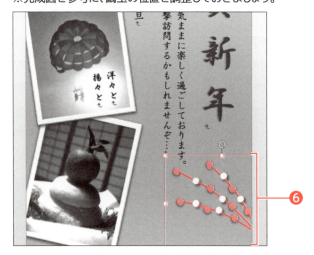

9 年賀状を印刷しよう

ついに、年賀状が完成しました。さっそく印刷してみましょう。といっても、そのまま何も考えずに印刷ボタンを押してはいけませんよ。
はがきの背景に色を設定した場合は、背景の色を印刷する設定をしなければなりません。また、プリンターにセットするはがきの向きにも注意が必要です。宛名面と文面がさかさまになってしまうと、読みにくい年賀状になってしまいますね。
一度、はがきサイズの用紙に印刷してみて、用紙をセットする向きや印刷の具合などを確かめるようにするといいですよ。

背景の色が印刷されるように設定しよう

背景の色が印刷されるように設定しましょう。

❶《ファイル》タブを選択します。
❷《オプション》をクリックします。

❸《Wordのオプション》が表示されます。

❹左側の一覧から《表示》を選択します。

❺《印刷オプション》の《背景の色とイメージを印刷する》を☑にします。

❻《OK》をクリックします。

印刷しよう

年賀状を印刷しましょう。

❶《ファイル》タブを選択します。

❷《印刷》をクリックします。

❸右側に印刷プレビューが表示されます。

❹《印刷》の《部数》を設定します。

❺《プリンター》に出力するプリンターの名前が表示されていることを確認します。

※表示されていない場合は▼をクリックし、一覧から選択します。

❻《プリンターのプロパティ》をクリックします。

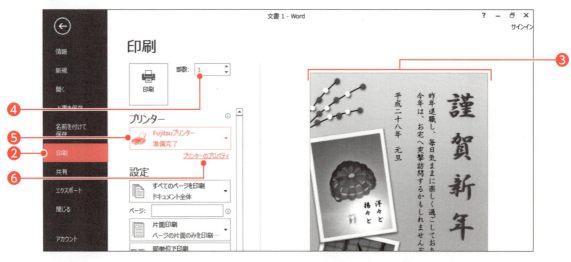

❼プロパティが表示されます。
※プリンターのプロパティでの設定項目は、お使いのプリンターによって異なります。
❽《設定》タブを選択します。
❾《サイズ》が《はがき》になっていることを確認します。
※《はがき》が表示されていない場合は、▽をクリックし、一覧から選択します。
❿《OK》をクリックします。

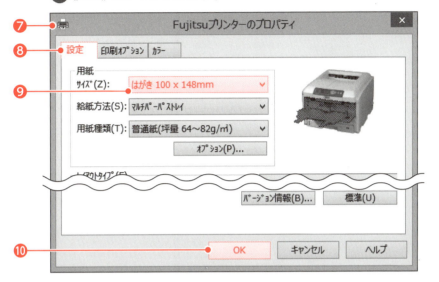

⓫《印刷》をクリックします。
⓬印刷が開始されます。

名前を付けて保存しよう

年賀状に「**年賀状文面完成**」という名前を付けて、デスクトップにファイルとして保存しましょう。

❶《ファイル》タブを選択します。
❷《名前を付けて保存》をクリックします。
❸《コンピューター》をクリックします。
❹《デスクトップ》をクリックします。

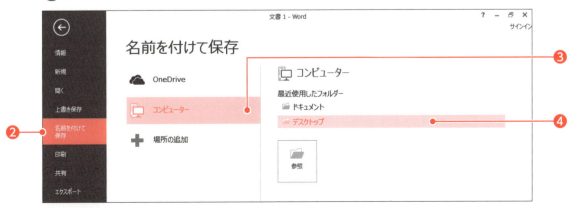

❺《名前を付けて保存》が表示されます。

❻《デスクトップ》が表示されていることを確認します。

❼《ファイル名》に「年賀状文面完成」と入力します。

❽《保存》をクリックします。

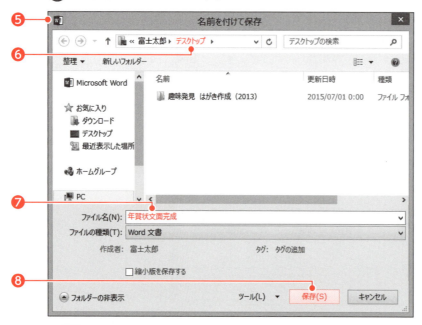

※ × （閉じる）をクリックして、ワードを終了しておきましょう。

CoffeeBreak フチまで印刷されない!?

はがきの背景に色を付けたり、用紙の端まで写真を配置したりしたはがきを印刷すると、はがきの周囲に白いフチができてしまうことがあります。これではせっかくの年賀状も台無しですね。

はがきの端まで印刷をしたいときは、プリンターの「フチなし印刷」の機能を活用しましょう。プリンターのフチなし印刷の設定をオンにすると、はがきの端まできれいに印刷できます。

※プリンターがフチなし印刷に対応している場合だけ、フチなし印刷ができます。フチなし印刷の設定の方法は、お使いのプリンターの取扱説明書をご確認ください。

LESSON 2

はがき宛名印刷の必須アイテム
エクセルで住所録を作ろう

1. 年賀状の宛名面を作ろう ……………………… 52
2. こんな住所録を作ろう ………………………… 53
3. 年賀状の住所録に必要な項目名を考えよう……… 54
4. 住所録にデータを入力しよう …………………… 57
5. 住所録をテーブルに変換しよう ………………… 60
6. テーブルのデザインを変えよう ………………… 66
7. 先頭列を固定してデータを見やすくしよう ……… 68
8. テーブルにデータを追加しよう ………………… 70
9. データを並べ替えよう ………………………… 72
10. フィルターを使ってデータを探そう …………… 74

1 年賀状の宛名面を作ろう

年賀状の宛名書き、どうしていますか？
手書きの場合、郵便番号や住所、宛先など、たくさんの項目を間違えないように丁寧に書いていくのは時間も手間もかかってとても大変ですね。
皆さん、パソコンを使って、簡単にはがきの宛名書きができるのをご存知ですか？
「年賀状ソフトを使うんでしょ？」
いえいえ。年賀状ソフトがなくても大丈夫。これから、エクセルとワードを使ってはがきの宛名面を作る方法をご紹介します。

年賀状の宛名面ってどうやって作るの

エクセルとワードを使って年賀状の宛名面を作る手順を確認しましょう。

1 住所録を作成

まずは、エクセルで住所録を作ります。年賀状ならではの項目も用意しておくようにします。

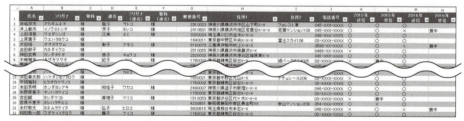

2 はがきの宛名面を作成

次に、ワードではがきの宛名面を作ります。はがき宛名面印刷ウィザードを使ってエクセルの住所録に登録したデータをワードのはがきの宛名面に差し込みます。

完成

2 こんな住所録を作ろう

住所録を初めて作るときは、たくさんのデータを入力しなければならないので大変です。しかし、一度作っておくと、すぐに友人の住所や電話番号を見つけることができるので便利です。引っ越しの連絡などをもらったとき、さっと住所録を修正しておけば、年賀状シーズンになって「あれ？　引っ越し先の住所が書いてある紙はどこだっけ…?」とあわてなくてもすみますよ。

住所録の完成イメージを確認しよう

次のような住所録を作りましょう。

※エクセルを起動し、新しいブックを作成しておきましょう。

3 年賀状の住所録に必要な項目名を考えよう

住所録をイメージしてみてください。
「名前」「郵便番号」「住所」などいろいろな項目が浮かんできますね。
では、その住所録は何に使いますか？
「友人に電話をかけるとき」「年賀状を出すとき」など、いろいろな目的がありますよね。住所録をうまく作るには、その目的に合わせた項目を用意しておく必要があります。
年賀状を出すときに使う住所録にはどんな項目を用意しておくとよいのでしょうか。

項目名を考えよう

「年賀状を出す」という目的の住所録として、どんな項目が必要になるか考えてみましょう。

- 喪中欠礼状を受け取った場合はどうしよう
- 名前の読みを忘れないようにフリガナもあった方がいいかな
- 連名もいるかな
- 前年の年賀状のやり取りを記す項目もいるよね
- 郵便なんだから、電話番号は必要ない？

こんな項目が必要！
「氏名」「フリガナ」「敬称」「連名」「連名用のフリガナ」「連名用の敬称」「郵便番号」「住所」「前年の年賀状のやり取り」「今年の年賀状のやり取り」

項目名を入力しよう

エクセルのシートに項目名を入力し、中央に配置しましょう。

❶次のように項目名を入力します。
※セル内で改行するときは、Alt + Enter を押します。

セル【A1】：氏名	セル【J1】：電話番号
セル【B1】：フリガナ	セル【K1】：2015年送信
セル【C1】：敬称	セル【L1】：2015年受信
セル【D1】：連名	セル【M1】：2016年送信
セル【E1】：フリガナ（連名）	セル【N1】：2016年受信
セル【F1】：敬称（連名）	
セル【G1】：郵便番号	
セル【H1】：住所1	
セル【I1】：住所2	

❷セル範囲【A1:N1】を選択します。

❸《ホーム》タブを選択します。

❹《配置》グループの ≡ (中央揃え) をクリックします。

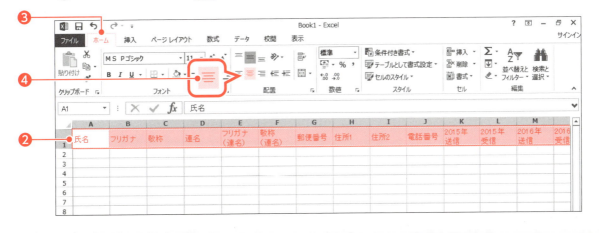

❺項目名がセル内で中央に配置されます。

※選択を解除しておきましょう。

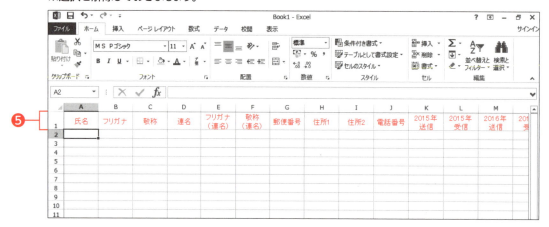

 CoffeeBreak 目的によって住所録は別々に作るもの?

年賀状の宛名面のことだけを考えて住所録を作ると、一般的な住所録によくある「電話番号」の項目が不要になってしまいます。

では、電話番号の項目がある一般的な住所録を年賀状の住所録とは別に作る必要があるのでしょうか?

いいえ、その必要はありません。年賀状を出すための住所録でも「電話番号」の項目を用意しておいて大丈夫です。

実際に、はがきの宛名面を作るときに、電話番号の項目を使わなければよいのです。年賀状用とか、電話連絡用といった具合に目的別の住所録をいくつも作ると、その住所録のメンテナンスに苦労しますよ。

年賀状住所録

氏名	郵便番号	住所	○○年送信	○○年受信
A	xxx-xxxx	xxxxxxxx	○	○
B	⋮	⋮	○	×
⋮				

電話連絡用

氏名	電話番号	住所
A	xx-xxxx-xxxx	xxxxxxxx
B	⋮	⋮
⋮		

住所録にデータを入力しよう

住所録の項目名が決まったら、実際に友人のデータを入力していきます。エクセルでの住所録は、1件分のデータを1行に入力するのが約束です。ここで入力するデータが、年賀状の宛名面に印刷されるので、誤字脱字に注意して入力しましょう。

データを入力しよう

住所録にデータを入力しましょう。

❶次のように井上さんのデータを入力します。

セル【A2】：井上敏夫	セル【H2】：神奈川県横浜市旭区若葉台X-X-X
セル【B2】：イノウエトシオ	セル【I2】：若葉台マンション103
セル【C2】：様	セル【J2】：045-XXX-XXXX
セル【D2】：芳子	セル【K2】：○
セル【E2】：ヨシコ	セル【L2】：○
セル【F2】：様	セル【M2】：×
セル【G2】：2410801	セル【N2】：喪中

ワードではがき宛名印刷するときの注意点

エクセルで作った住所録を、ワードのはがき宛名印刷で使う場合は、次のような点に注意して住所録を作ります。

- ●表の1行目に空白行を作らない
- ●先頭行は項目名にする
- ●郵便番号に「-(ハイフン)」は入力しない

列幅を調整しよう

入力したデータがすべて表示されるように列幅を調整しましょう。

❶列番号【A】から列番号【N】を選択します。
※列番号をドラッグします。

❷選択した列番号の右側の境界線をポイントします。
※選択した列番号の境界線であれば、どこでもかまいません。

❸マウスポインターの形が ✛ に変わります。

❹ダブルクリックします。

❺列幅が自動調整されます。
※選択を解除しておきましょう。

名前を付けて保存しよう

途中まで作っている住所録に「**住所録作成途中**」という名前を付けて、デスクトップにファイルとして保存しましょう。
※セル【A1】を選択しておきましょう。

❶《ファイル》タブを選択します。

❷《名前を付けて保存》をクリックします。

❸《コンピューター》をクリックします。

❹《デスクトップ》をクリックします。

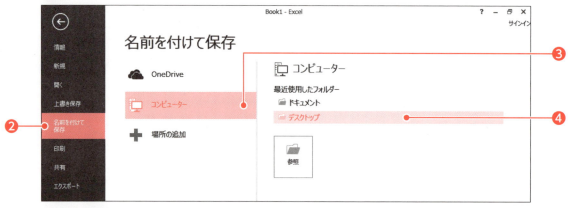

❺《名前を付けて保存》が表示されます。
❻《デスクトップ》が表示されていることを確認します。
❼《ファイル名》に「住所録作成途中」と入力します。
❽《保存》をクリックします。

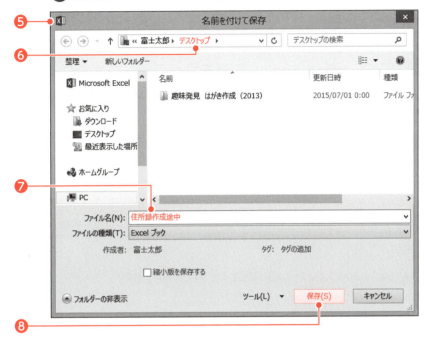

※《ファイル》タブ→《閉じる》をクリックして、ブックを閉じておきましょう。

豆知識 アクティブセルの位置

ブックを保存するとき、アクティブセルの位置も保存されます。住所録のデータを登録している途中でいったん作業を中断するというような場合は、次にブックを開いたときにデータを入力するセルをアクティブセルにして保存するとよいでしょう。

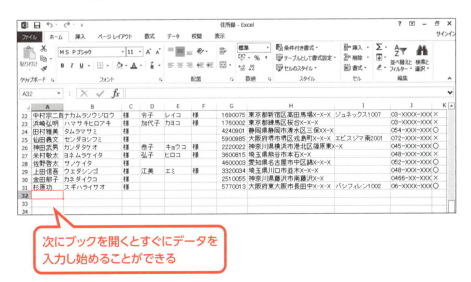

次にブックを開くとすぐにデータを入力し始めることができる

5 住所録をテーブルに変換しよう

エクセルの「テーブル」という機能をご存知ですか？
まず、テーブルとは何でしょう。もちろん、ご飯を食べるテーブルではありません。テーブルとは、英語で「表」という意味です。その名のとおり、表を扱うときに便利な機能がたくさん集まっています。
実際に、テーブルを使ってどんなことができるのか確認してみましょう。

ブックを開こう

ブック「住所録」を開きましょう。
※ここで使用するブックは、当社ホームページよりダウンロードしてください。（→P.2参照）

❶《ファイル》タブを選択します。
❷《開く》をクリックします。
❸《コンピューター》をクリックします。
❹《デスクトップ》をクリックします。

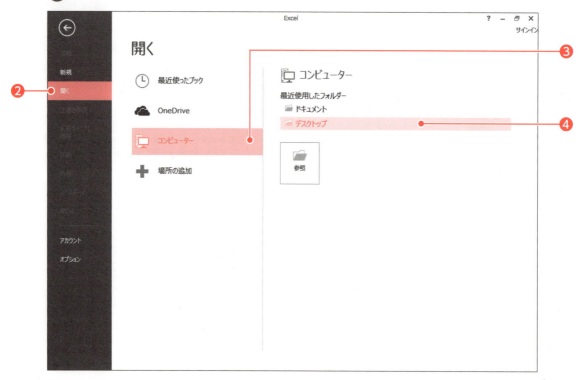

❺《ファイルを開く》が表示されます。
❻《デスクトップ》が表示されていることを確認します。
❼フォルダー「趣味発見　はがき作成（2013）」をダブルクリックします。
❽フォルダー「レッスン2」をダブルクリックします。
❾一覧からブック「住所録」を選択します。
❿《開く》をクリックします。

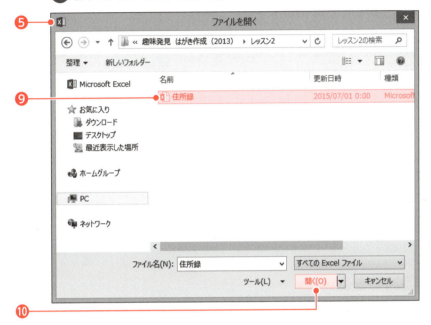

⓫ブック「住所録」が開かれます。

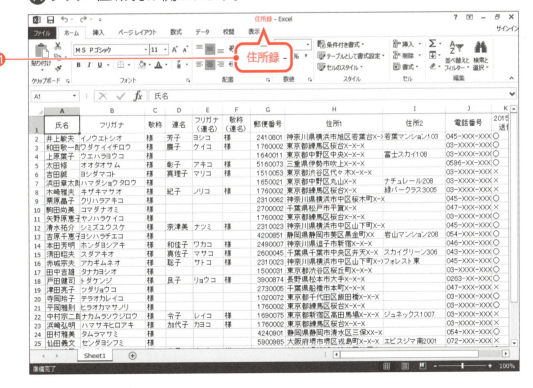

テーブルでできること

表をテーブルに変換すると、次のようなことができるようになります。

●見やすい書式をまとめて設定できる

罫線や塗りつぶしの色などの書式が自動的に設定され、1行おきに縞模様になるなど、データが見やすくなります。また、書式は簡単に変更できるので、好みに合った見栄えのするデザインに仕上げることができます。

●いつでも項目名を確認できる

件数が多くなったときでも、スクロールすると列番号の部分に項目名が表示されます。上の行まで戻って項目名を確認する手間が省けます。

●簡単にデータを追加できる

データを追加すると自動的に書式や数式がコピーされるので、データを追加するたびに表を整える手間が省けます。

●フィルターモードになる

自動的に項目名のセルに ▼ が表示され、「フィルターモード」と呼ばれる状態に変わります。▼ を使って、データの並べ替えや抽出が簡単に実行できます。

データベース形式の表

テーブル機能を利用するには、表を「列見出し」、「フィールド」、「レコード」から構成されるデータベース形式の表にする必要があります。

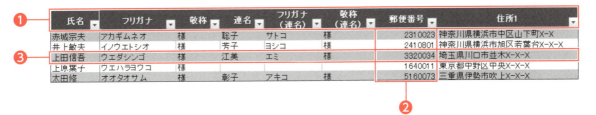

❶列見出し（フィールド名）
データを分類する項目名です。

❷フィールド
列単位のデータです。列見出しに対応した同じ種類のデータを入力します。

❸レコード
行単位のデータです。横1行に1件分のデータを入力します。

テーブルに変換するときに注意すること

テーブルに変換する前に、データベース形式の表になっているかどうかを確認しましょう。次のような点に注意します。

❶1枚のワークシートに1つの表が作られているか
1枚のワークシートに複数の表が作られている場合、複数の表をテーブルに変換しても正しく動作しないことがあります。できるだけ、1枚のワークシートに1つの表を作るようにしましょう。

❷表の先頭行に列見出しが入力されているか

表の先頭行には必ず列見出しを入力します。テーブルに変換すると、先頭行の列見出しには、ほかのデータと異なる書式が自動的に設定され、▼が表示されます。

❸1件分のデータが横1行に入力されているか

レコードは横1行に入力します。複数行に分けて入力すると、意図したとおりに並べ替えや抽出が行われません。

❹セルの先頭に余分な空白はないか

セルの先頭に余分な空白が入力されていると、意図したとおりに並べ替えや抽出が行われないことがあります。

テーブルに変換しよう

住所録をテーブルに変換しましょう。

❶セル【A1】を選択します。
※表内のセルであれば、どこでもかまいません。
❷《挿入》タブを選択します。
❸《テーブル》グループの▦（テーブル）をクリックします。

❹《テーブルの作成》が表示されます。
❺《テーブルに変換するデータ範囲を指定してください》に「=$A$1:$N$31」と表示されていることを確認します。
❻《先頭行をテーブルの見出しとして使用する》が☑になっていることを確認します。
❼《OK》をクリックします。

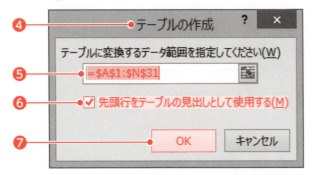

❽表がテーブルに変換され、テーブルスタイルが適用されます。

※選択を解除しておきましょう。

❾セル【A1】を選択します。

※テーブル内のセルであれば、どこでもかまいません。

❿スクロールバーの▼をクリックして、シートを下にスクロールします。

⓫列番号が項目名に変わります。

※スクロールバーの▲をクリックして、セル【A1】が見えるようにしておきましょう。

豆知識 《テーブルツール》の《デザイン》タブ

表をテーブルに変換すると、リボンに《テーブルツール》の《デザイン》タブが追加され、自動的に切り替わります。このタブにはテーブルを編集するボタンがまとめられています。このタブは、テーブル内のセルが選択されているときに表示され、テーブル以外のセルを選択すると、非表示になります。

豆知識 テーブルの解除

テーブルに設定した範囲を通常のセル範囲に戻すには、次のように操作します。

❶テーブル内のセルを選択
❷《デザイン》タブを選択
❸《ツール》グループの[範囲に変換](範囲に変換)をクリック
※セル範囲に変換しても、塗りつぶしの色などの設定は残ります。

6 テーブルのデザインを変えよう

表をテーブルに変換すると、表がぐっと華やかになりましたね。
これは表に自動的に「テーブルスタイル」が適用されたためです。
テーブルスタイルとは、テーブルの罫線や塗りつぶしの色などの書式を組み合わせたもののことです。テーブルスタイルは、エクセルに60個用意されており、一覧から気に入ったスタイルをクリックするだけで、簡単に切り替えることができます。自分が一番好きなデザインを選んでみるとよいですよ。

テーブルスタイルを「テーブルスタイル（中間）17」に変更しましょう。

❶ セル【A1】を選択します。
※テーブル内のセルであれば、どこでもかまいません。
❷《デザイン》タブを選択します。
❸《テーブルスタイル》グループの ▨ （テーブルクイックスタイル）をクリックします。

❹《中間》の《テーブルスタイル（中間）17》をクリックします。

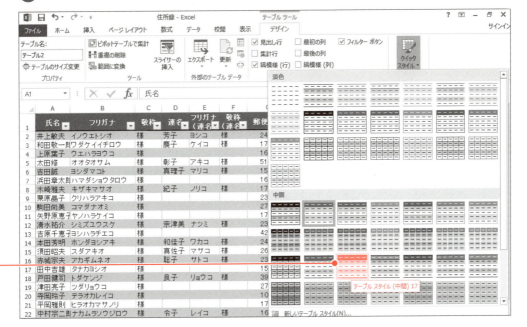

❺テーブルスタイルが変更されます。

豆知識　ブックのテーマ

「テーマ」とは、ブック全体の配色、フォント、効果を組み合わせたものです。ブックのテーマを変えることで、テーブル全体のイメージを変えることができます。ブックのテーマを変えるには、次のように操作します。

❶《ページレイアウト》タブを選択
❷《テーマ》グループの (テーマ)をクリック
❸一覧からテーマを選択

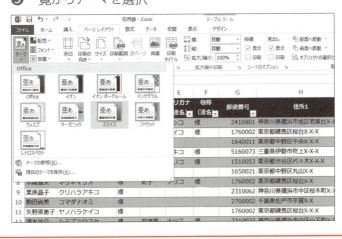

67

レッスン2

7 先頭列を固定してデータを見やすくしよう

今、作成中の住所録をよく見てみてください。どこか不便なところはないですか？
年賀状の連名や送受信などの項目があるため、横に長い表になっています。これでは、最後の項目である「2016年受信」を入力するときに、左側の先頭列（なんと、氏名です！重要な項目ですよね…）が見えません。
そんな時に役立つ機能が、「ウィンドウ枠の固定」です。この機能、知っているのと知らないのとでは入力のスピードや正確さに差が出ますよ。

住所録の先頭列を固定しましょう。

❶ セル【A1】を選択します。
※テーブル内のセルであれば、どこでもかまいません。
❷《表示》タブを選択します。
❸《ウィンドウ》グループの ウィンドウ枠の固定▼ （ウィンドウ枠の固定）をクリックします。
❹《先頭列の固定》をクリックします。

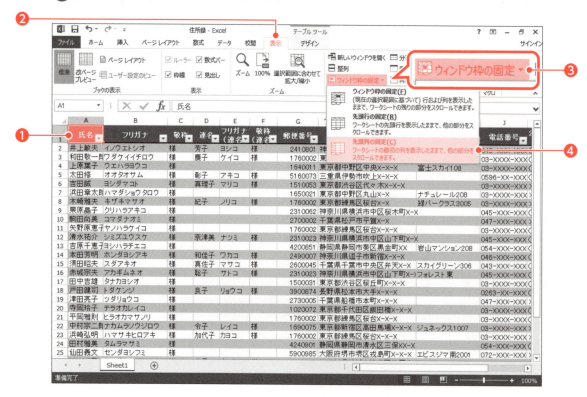

はがき宛名印刷の必須アイテム　エクセルで住所録を作ろう

68

❺先頭列が固定されます。

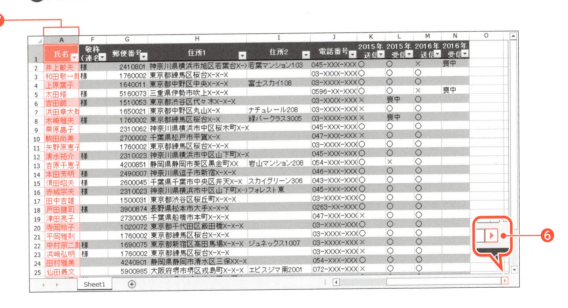

❻スクロールバーの▶をクリックして、シートを右にスクロールします。

❼先頭列が固定されていることを確認します。

※スクロールバーの◀をクリックして、もとの表示に戻しておきましょう。

豆知識　ウィンドウ枠固定の解除

固定したウィンドウ枠を解除するには、次のように操作します。

❶《表示》タブを選択
❷《ウィンドウ》グループの[ウィンドウ枠の固定▼]（ウィンドウ枠の固定）をクリック
❸《ウィンドウ枠固定の解除》をクリック

8 テーブルにデータを追加しよう

住所録を1件追加するたびに、書式を設定し直すのはかなり面倒ですよね。テーブルではそんな問題も一気に解決！ テーブルの最終行にデータを追加すると、自動的にテーブルの範囲が拡大され、テーブルスタイルが設定されます。

テーブルにデータを追加しましょう。

❶セル【A32】を選択します。
❷「斎藤仁志」と入力します。
※ Enter を押して入力を確定します。
❸32行目にテーブルスタイルが設定されます。

❹続けて、セル範囲【B32:M32】に次のようにデータを入力します。

セル【B32】　：サイトウヒトシ
セル【C32】　：様
セル【G32】　：1150045
セル【H32】　：東京都北区赤羽X-X-X
セル【J32】　：03-XXXX-XXXX
セル【K32】　：×
セル【L32】　：〇
セル【M32】　：〇

※セル【A1】を選択しておきましょう。

ためしてみよう

表の項目名がすべて表示されるように、列幅を調整しましょう。

ためしてみよう　解答

①列番号【A】から列番号【N】を選択
②選択した列番号の右側の境界線をダブルクリック

9 データを並べ替えよう

表をテーブルに変換すると、テーブルの列見出しに▼が表示され、「フィルターモード」になります。▼をクリックすると、五十音順に並べ替えたり、数字の昇順や降順に並べ替えたりすることができます。
また、住所や年賀状の送受信のデータを、昇順または降順で並べ替えることでグループ分けすることもできます。
住所録を名前の五十音順に並べておくと、目的の人を探すのも簡単ですね!

フリガナを五十音順（あ→ん）に並べ替えましょう。

❶「フリガナ」の▼をクリックします。

❷《昇順》をクリックします。

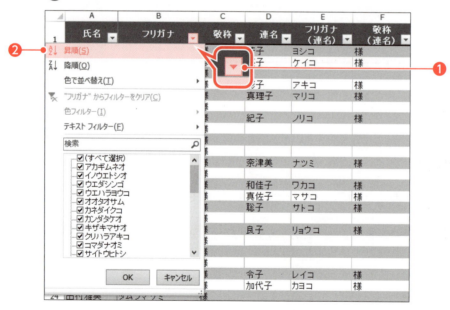

❸「フリガナ」の五十音順に並べ替えられます。

❹「フリガナ」の▼が▼↑に変わっていることを確認します。

豆知識　昇順と降順

並べ替えの順序には「昇順」と「降順」があります。
昇順と降順は、次のように使い分けます。

●昇順

データ	順序
数値	0→9
英字	A→Z
日付	古い→新しい
かな	あ→ん

●降順

データ	順序
数値	9→0
英字	Z→A
日付	新しい→古い
かな	ん→あ

※空白セルは、昇順でも降順でも表の末尾になります。

豆知識　もとの順番に戻す

並べ替えたレコードをもとの順番に戻す機能はありません。入力した順番に戻す必要がある場合には、あらかじめ連番を振った列を用意しておくとよいでしょう。

「No.」を基準に昇順で並べ替え

「フリガナ」を基準に昇順で並べ替え

レッスン 2 はがき宛名印刷の必須アイテム　エクセルで住所録を作ろう

10 フィルターを使ってデータを探そう

喪中欠礼状を受け取っている人だけを確認したいとき、どのようにデータを探していますか？
1件1件、住所録の全データを確認していくのは大変ですよね。しかも、「あれ？ さっき確認した人は誰だっけ…？」となると、また戻って探さなければなりません。
そんなときに便利なのが「フィルター」です。フィルターを使うとたくさんのデータの中から必要なデータをあっという間に抽出できます。エクセルならではの便利機能、ぜひお試しください！

データを抽出しよう

「2016年受信」が「喪中」となっているデータを抽出しましょう。

❶「2016年受信」の ▼ をクリックします。
❷「（空白セル）」を □ にします。
❸「喪中」が ☑ になっていることを確認します。
❹《OK》をクリックします。

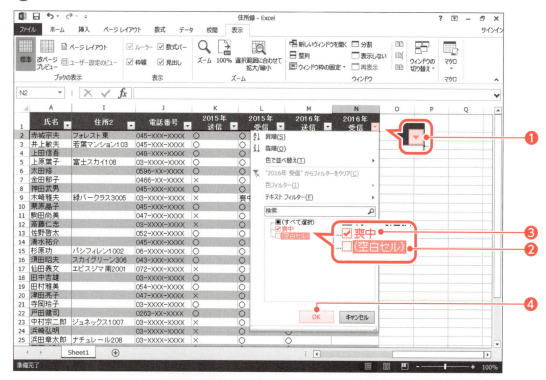

74

❺「2016年受信」の「喪中」のレコードが抽出されます。

※抽出されたレコードの行番号が青色になり、条件を満たすレコードの件数がステータスバーに表示されます。
※3件のレコードが抽出されます。

❻「2016年受信」の ▼ が ▼T に変わっていることを確認します。

※ ▼T をポイントすると、ポップヒントに指定した条件が表示されます。

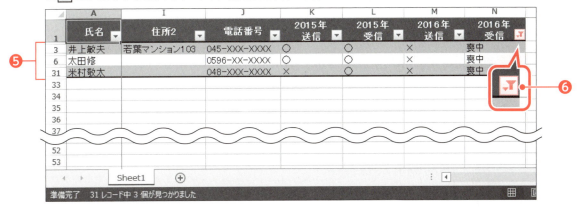

全データを再表示しよう

抽出を解除して、全データを再表示しましょう。

❶セル【A1】を選択します。
※テーブル内のセルであれば、どこでもかまいません。

❷《データ》タブを選択します。

❸《並べ替えとフィルター》グループの ▼クリア （クリア）をクリックします。

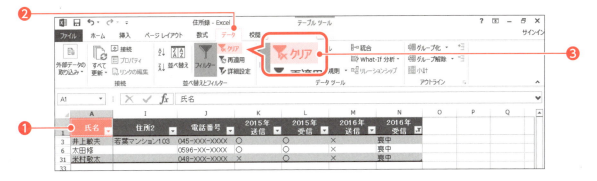

❹すべてのレコードが表示されます。

❺「2016年受信」の ▼T が ▼ に変わっていることを確認します。

名前を付けて保存しよう

ブックに「住所録完成」という名前を付けて、デスクトップにファイルとして保存しましょう。

※セル【A1】を選択しておきましょう。

❶《ファイル》タブを選択します。

❷《名前を付けて保存》をクリックします。

❸《コンピューター》をクリックします。

❹《デスクトップ》をクリックします。

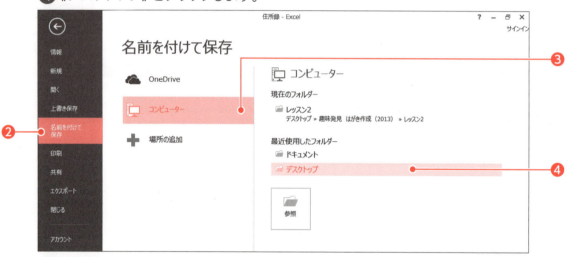

❺《名前を付けて保存》が表示されます。

❻《デスクトップ》が表示されていることを確認します。

❼《ファイル名》に「住所録完成」と入力します。

❽《保存》をクリックします。

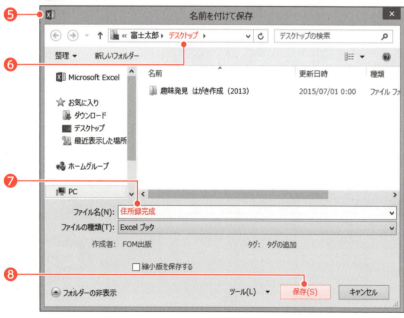

※ × （閉じる）をクリックして、エクセルを終了しておきましょう。

LESSON 3

住所録があれば簡単!
はがきの宛名面を印刷しよう

1 こんな宛名面を作ろう ……………………………… 78
2 縦書きの宛名面を作ろう …………………………… 80
3 住所録のデータが次から次へと表示されるのはなぜ?… 87
4 宛名面のレイアウトを調整しよう ………………… 89
5 連名が表示されるようにレイアウトを変更しよう… 94
6 喪中欠礼の人を非表示にしよう …………………… 98
7 宛名面を印刷しよう………………………………… 100

レッスン3 住所録があれば簡単！はがきの宛名面を印刷しよう

1 こんな宛名面を作ろう

エクセルで住所録が完成したら、いよいよ、はがきの宛名面を作っていきます。
はがきには、官製はがきや私製はがきなどの通常はがき、年賀はがき、往復はがきなどさまざまな種類があります。
ワードではがきの宛名面を作るときは、はがきの種類を選ぶことができます。自分の印刷したいはがきに合わせて種類を選びましょう。

完成イメージを確認しよう

次のような年賀状の宛名面を作りましょう。
※ワードを起動し、新しい文書を作成しておきましょう。

●宛先のもとになっているエクセルの住所録

はがきの宛名面を作る手順を確認しよう

はがきの宛名面を作る手順を確認しましょう。

1 はがきの種類を選択

年賀状や暑中見舞い、通常はがき、エコーはがき、往復はがきなどから自分の印刷するはがきに合わせて選択します。

2 はがきの様式を選択

宛名を縦書きにするか、横書きにするかを選択します。

3 フォントを選択

宛名や差出人のフォントを選択します。

4 差出人の情報を設定

差出人を印刷するかどうかを選択します。印刷する場合は、ここで差出人情報を入力します。

5 宛名面に差し込むデータを選択

宛名面に差し込むデータファイルを選択します。

完成

2 縦書きの宛名面を作ろう

ワードといえば「文書作成」というイメージが強いため、ワードではがきを作るというと、文面の方を思い浮かべる方も多いかもしれませんね。もちろん、ワードはすてきな文面を作るのが得意中の得意ですが、実は、はがきの宛名面も作れるんです。しかも、画面の指示に従って操作していくだけなのでとても簡単です。

はがき宛名面印刷ウィザードを使おう

はがき宛名面印刷ウィザードを使って、年賀状の宛名面を縦書きで作りましょう。

●はがきの様式、フォント

縦書き
フォント：HG正楷書体-PRO

●差出人情報

氏名　　　：富士太郎
郵便番号　：1050022
住所1　　：東京都港区海岸X-X-X
住所2　　：ガーデンハウス泉208

①《差し込み文書》タブを選択します。

②《作成》グループの ［はがき印刷▼］ （はがき印刷）をクリックします。

③《宛名面の作成》をクリックします。

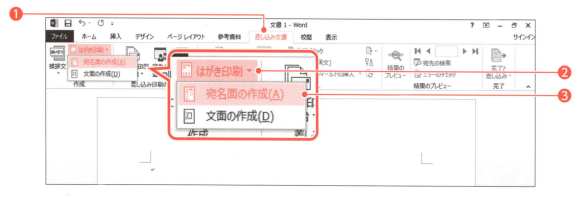

❹《はがき宛名面印刷ウィザード》が表示されます。

❺《次へ》をクリックします。

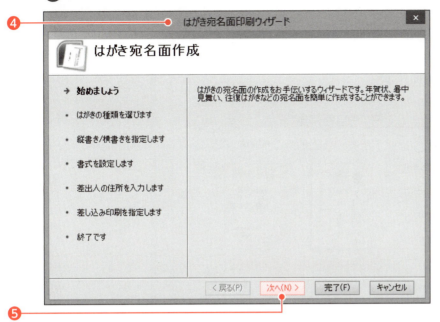

❻《年賀/暑中見舞い》を◉にします。

❼《次へ》をクリックします。

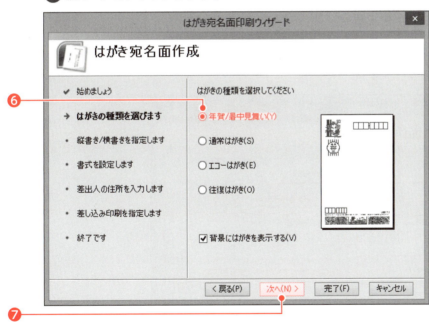

❽《縦書き》を◉にします。

❾《差出人の郵便番号を住所の上に印刷する》を☐にします。

❿《次へ》をクリックします。

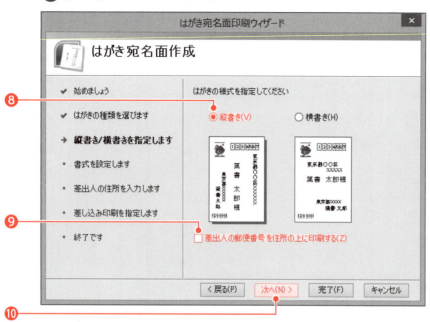

⓫《フォント》の▽をクリックし、一覧から《HG正楷書体-PRO》を選択します。

⓬《宛名住所内の数字を漢数字に変換する》を☑にします。

⓭《差出人住所内の数字を漢数字に変換する》を☑にします。

⓮《次へ》をクリックします。

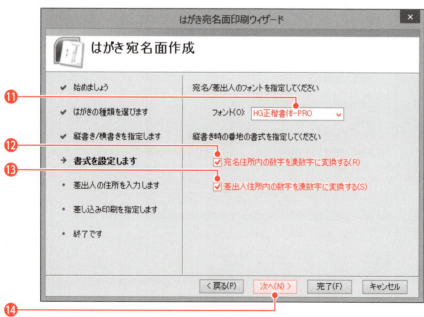

⓯《差出人を印刷する》を☑にします。

⓰《氏名》に「富士太郎」と入力します。

⓱《郵便番号》に「1050022」と入力します。

⑱《住所1》に「東京都港区海岸X-X-X」と入力します。
※「X-X-X」は全角で入力します。
⑲《住所2》に「ガーデンハウス泉208」と入力します。
※「208」は全角で入力します。
⑳《次へ》をクリックします。

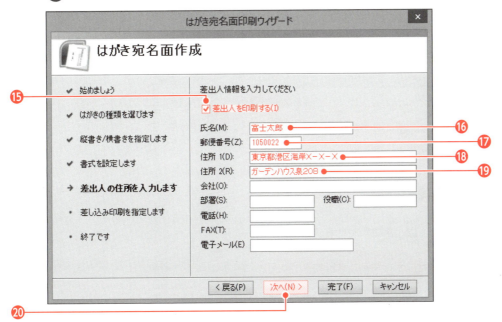

豆知識　宛名面に差出人を印刷しない

差出人を手書きしたり、文面の方に印刷したりする場合は、はがき宛名面印刷ウィザードで《差出人を印刷する》を☐にします。☐にすると、差出人情報を入力しても宛名面に差出人は印刷されません。

㉑《既存の住所録ファイル》を⦿にします。
㉒《参照》をクリックします。

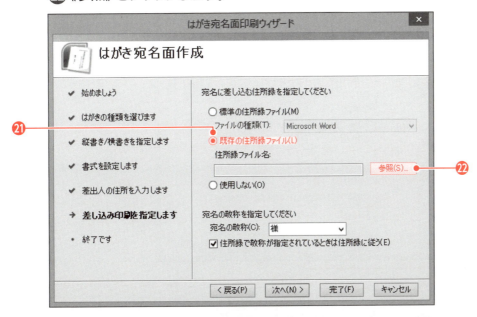

㉓《住所録ファイルを開く》が表示されます。

㉔左側の一覧から《デスクトップ》を選択します。

㉕一覧から「住所録完成」を選択します。

※レッスン2で「住所録完成」が保存できていない場合は、当社ホームページよりダウンロードしてください。（→P.2参照）

※ブック「住所録完成」は、フォルダー「趣味発見　はがき作成（2013）」内の「完成ファイル」→「レッスン3」にあります。

㉖《開く》をクリックします。

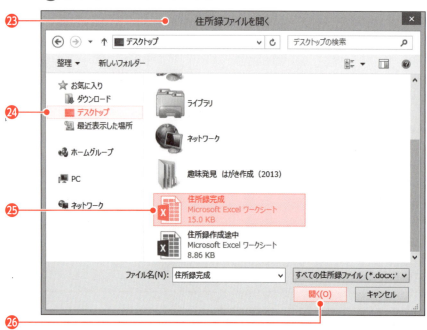

㉗《はがき宛名面印刷ウィザード》に戻ります。

㉘《宛名の敬称》の▼をクリックし、一覧から「様」を選択します。

㉙《次へ》をクリックします。

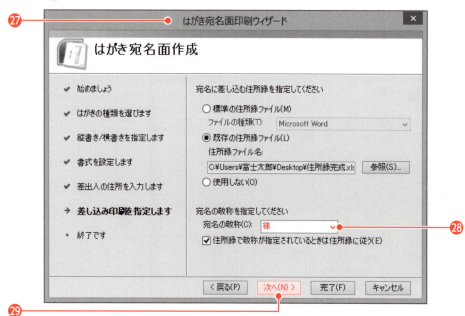

㉚《完了》をクリックします。

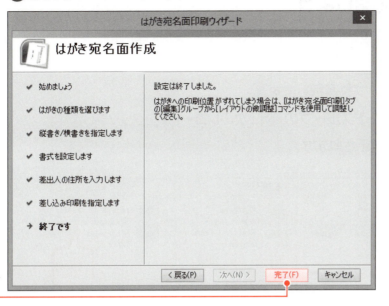

㉛《テーブルの選択》が表示されます。
㉜《Sheet1$》が選択されていることを確認します。
㉝《先頭行をタイトル行として使用する》を☑にします。
㉞《OK》をクリックします。

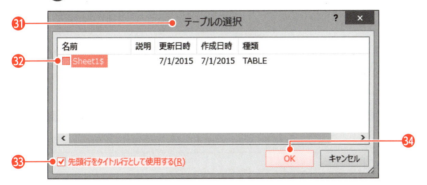

㉟住所録のデータが差し込まれた宛名面が表示されます。

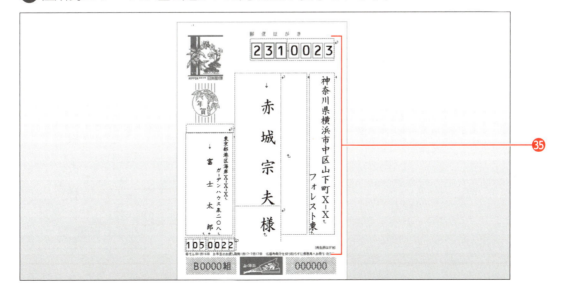

宛名データを確認しよう

住所録のデータが宛名面に表示されていることを確認しましょう。

❶《差し込み文書》タブを選択します。
❷《結果のプレビュー》グループの ▶ (次のレコード) をクリックします。
❸次のレコードが表示されます。

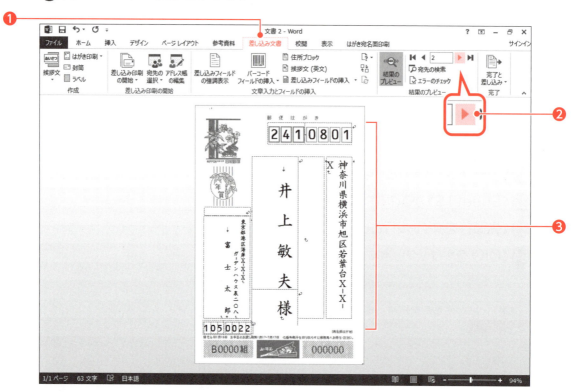

豆知識　宛名面に表示される枠線は何?

はがき宛名面印刷ウィザードで宛名面を作ると、住所や宛先などが点線の枠の中に表示されます。この枠は、表の枠組みで、レイアウトの目安と考えるとよいでしょう。さらに、住所や宛先をクリックすると、点線の枠線や ○ や □ の「ハンドル」が表示されます。この枠はテキストボックスです。住所や宛先などの情報は、表とテキストボックスが組み合わされた状態で配置されています。

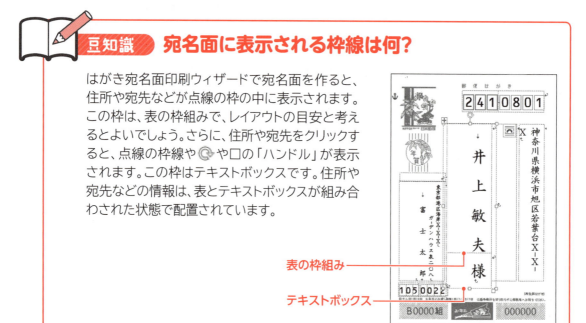

表の枠組み
テキストボックス

3 住所録のデータが次から次へと表示されるのはなぜ？

ひとまず、宛名面ができあがりました。さあ、ここで皆さんに質問です。はがきは何枚できあがりましたか？ 住所録に入力してある件数分できあがっていますか？
はがき宛名面印刷ウィザードで宛名面を作ると、できあがるはがきは1枚です。では、なぜ次から次へと住所録のデータが表示されるのでしょうか？

宛名面に住所録のデータが表示される理由

できあがった宛名面をよく見てください。はがきは1枚しかできあがっていないのに、▶（次のレコード）を押すと宛先が変わります。
これは、宛名面が「差し込みフィールド」というフィールドで構成されているからです。この差し込みフィールドに、データファイルとして指定したエクセルの住所録「住所録完成」の関連するデータが表示されるというしくみになっています。

●エクセルの住所録「住所録完成」

郵便番号が差し込まれる

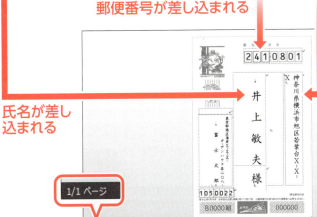

住所1が差し込まれる

氏名が差し込まれる

できあがるはがきは1枚だけど、住所録のデータが次々と差し込まれて表示される

差し込みフィールドを確認しよう

宛名面の差し込みフィールドを確認しましょう。

❶《差し込み文書》タブを選択します。

❷《結果のプレビュー》グループの (結果のプレビュー)をクリックします。

❸宛名面に差し込まれている差し込みフィールドが表示されます。

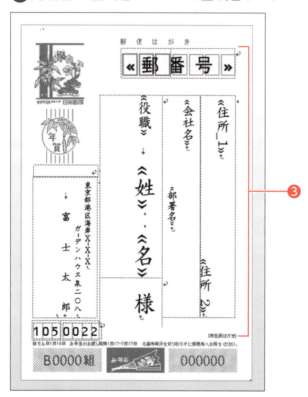

豆知識　データファイルの項目名とフィールドの対応

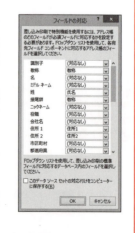

できあがった宛名面には、宛先の名前に「姓」「名」というフィールドが指定されています。しかし、データファイルとして指定したエクセルの住所録には「姓」「名」という項目名はなく、「氏名」という項目名で名前が登録されています。
このように、差し込みフィールドとデータファイルの項目名が異なる場合は、差し込みフィールドがどの項目名と関連付けられているのかを確認するとよいでしょう。
フィールドの関連付けを確認するには、次のように操作します。

❶《差し込み文書》タブを選択
❷《文章入力とフィールドの挿入》グループの (フィールドの対応)をクリック

4 宛名面のレイアウトを調整しよう

実際の宛名情報ではなく、差し込みフィールドを表示してみると、「あれ？会社名ってなに？」「役職なんて作った住所録にはないんだけど…」といった具合にいろいろな疑問が浮かんできますね。
はがき宛名面印刷ウィザードで宛名面を作ると、「会社名」や「役職」といったワードであらかじめ決められている項目が差し込みフィールドとして挿入されます。
住所録にない余分な項目を削除して、宛名面のレイアウトを整えていきましょう。

不要なフィールドを削除しよう

《会社名》と《部署名》のテキストボックスと、《役職》と《役職》の下にある↲（タブ）を削除しましょう。

❶《会社名》と《部署名》のテキストボックス内をクリックします。
❷ テキストボックスの周囲に ⟳ や □ （ハンドル）や点線の枠線が表示されます。
❸ テキストボックスの枠線をポイントします。
❹ マウスポインターの形が ✥ に変わったら、クリックしてテキストボックスを選択します。
❺ Delete を押します。

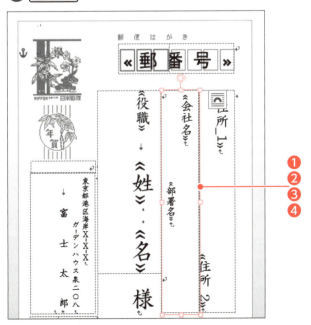

⑥《会社名》と《部署名》のテキストボックスが削除されます。

⑦《役職》と↵(タブ)を選択します。

⑧ Delete を押します。

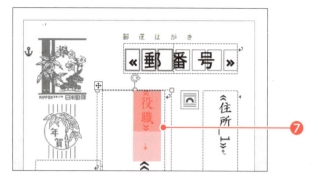

⑨《役職》と↵(タブ)が削除されます。

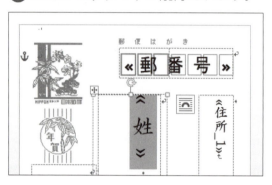

住所が表示されるスペースを調整しよう

今のレイアウトでは、《住所_1》が1行で収まりきらなかった場合、2行目に送られ、本来2行目に表示する予定の《住所_2》が表示されなくなっています。

データを表示すると…
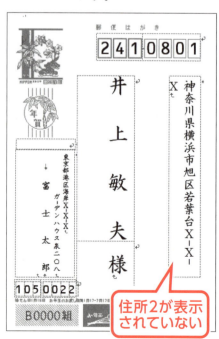
住所2が表示されていない

《住所_2》まで表示されるように、住所が表示されるスペースを調整しましょう。

❶《住所_1》と《住所_2》のテキストボックス内をクリックします。

❷テキストボックスの左中央の□（ハンドル）をポイントします。

❸マウスポインターの形が⟷に変わります。

❹図のようにドラッグします。

※ドラッグ中、マウスポインターの形が十に変わります。

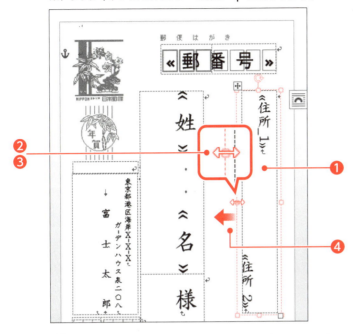

❺テキストボックスの下中央の□（ハンドル）をポイントします。

❻マウスポインターの形が↕に変わります。

❼図のようにドラッグします。

※ドラッグ中、マウスポインターの形が十に変わります。

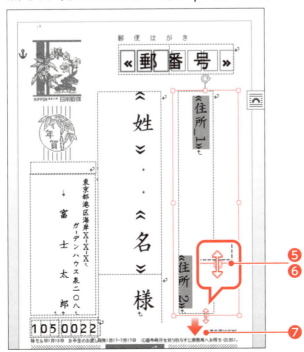

❽テキストボックスのサイズが変更されます。
❾表内をポイントします。
❿表の右下の□(ハンドル)をポイントします。
⓫マウスポインターの形が に変わります。
⓬図のようにドラッグします。
※ドラッグ中、マウスポインターの形が＋に変わります。

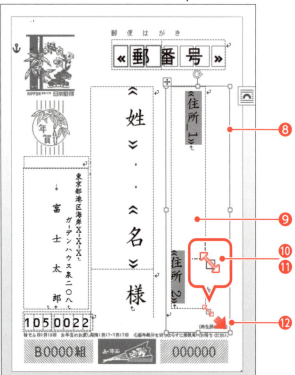

⓭表のサイズが変更されます。

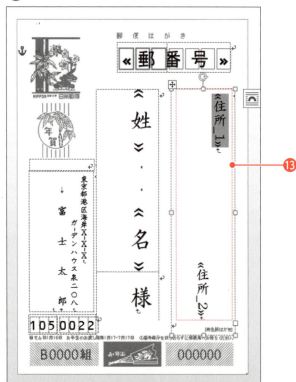

⑭《差し込み文書》タブを選択します。

⑮《結果のプレビュー》グループの （結果のプレビュー）をクリックします。

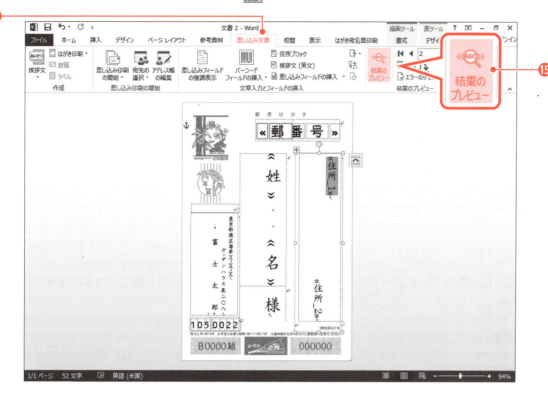

⑯《住所_2》までデータが表示されます。

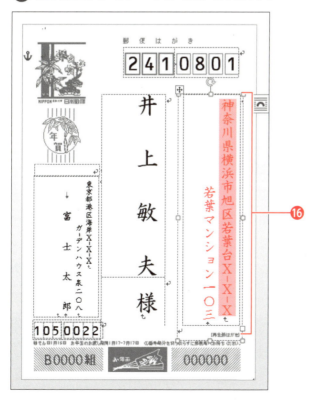

レッスン3 住所録があれば簡単！ はがきの宛名面を印刷しよう

5 連名が表示されるようにレイアウトを変更しよう

年賀状の宛名を印刷する場合、「連名」のことを忘れてはいけませんね。住所録にも連名の項目を準備していますので、宛名面にも連名が表示されるようにレイアウトを変更しましょう。

差し込みフィールドとして、《連名》と《敬称_(連名)》を挿入し、レイアウトを調整しましょう。

❶《差し込み文書》タブを選択します。
❷《結果のプレビュー》グループの ■ (結果のプレビュー) をクリックします。
❸差し込みフィールドが表示されます。
❹図の位置をクリックします。

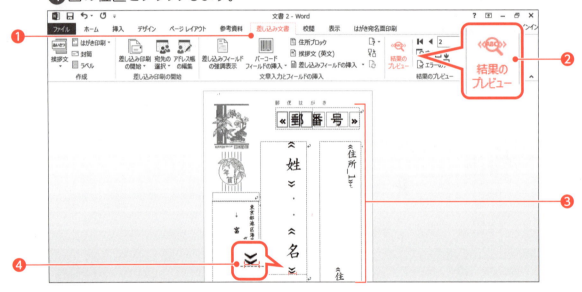

❺ Enter を押します。
※次の行にカーソルが表示されます。
❻《文章入力とフィールドの挿入》グループの 差し込みフィールドの挿入 (差し込みフィールドの挿入) の をクリックします。
❼《連名》をクリックします。

⑧《連名》が表示されます。
⑨図の位置をクリックします。

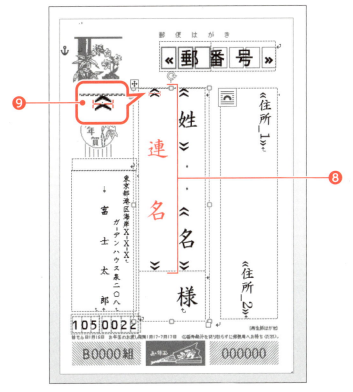

⑩ Ctrl + Tab を3回押します。

※宛名面は表で構成されています。表内に↓(タブ)を挿入するには、 Ctrl + Tab を押します。 Tab だけ押すと、カーソルが表内のセルを移動し、↓(タブ)は挿入されません。

⑪ ↓(タブ)が3つ挿入されます。

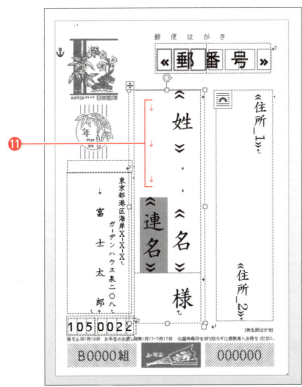

⓬ 図の位置をクリックします。

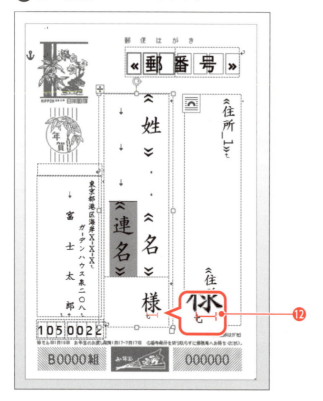

⓭ [Enter]を押します。

※次の行にカーソルが表示されます。

⓮《文章入力とフィールドの挿入》グループの 差し込みフィールドの挿入 （差し込みフィールドの挿入）の をクリックします。

⓯《敬称_（連名）》をクリックします。

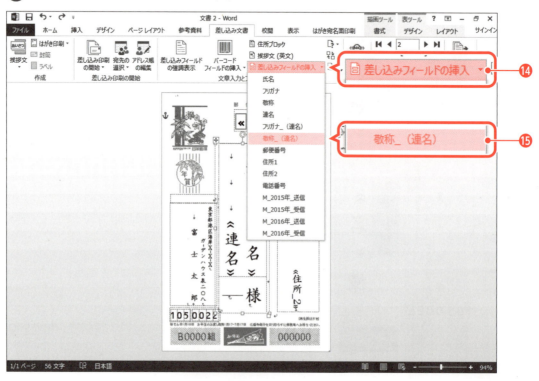

❶❻敬称が表示されます。

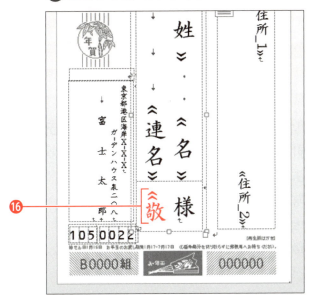

❶❼《結果のプレビュー》グループの (結果のプレビュー)をクリックします。

❶❽《連名》と《敬称_(連名)》のデータが表示されます。

※ ▶ (次のレコード)をクリックして、データを確認しておきましょう。

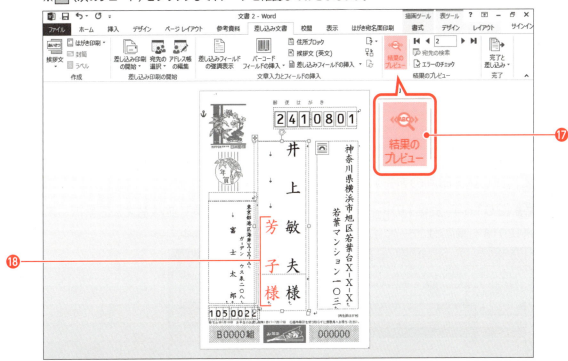

豆知識 連名の敬称を差し込みフィールドで挿入する理由

宛名面にいつも表示する文字は直接入力しても問題ありませんが、連名の敬称については、直接入力するのは控えた方がよいでしょう。直接入力すると、いつも表示されるため、連名のないデータの時にも「様」だけが印刷されてしまいます。
そのため、連名に付ける敬称は差し込みフィールドとして挿入し、住所録に連名と敬称が入力されているときだけ宛名面に表示されるようにします。

レッスン3 住所録があれば簡単！はがきの宛名面を印刷しよう

6 喪中欠礼の人を非表示にしよう

はがき宛名面印刷ウィザードで宛名面を作ると、もとになる住所録のデータがすべて表示されます。住所録には登録しているけど、今年は年賀状を出さないという場合はどうしたらよいでしょうか？
「住所録からその人をいったん削除する」
「とりあえず、全件印刷してあとからその人のはがきだけ破棄する」
どちらの方法も避けたいですよね。ワードではがきの宛名面を作ると、特定の人だけ印刷しないように設定することも簡単です。

住所録の項目「2016年_受信」に「喪中」と入力されているデータを非表示にしましょう。

❶《差し込み文書》タブを選択します。

❷《差し込み印刷の開始》グループの (アドレス帳の編集) をクリックします。

❸《差し込み印刷の宛先》が表示されます。

❹《2016年_受信》の をクリックし、一覧から《降順で並べ替え》を選択します。
※《2016年_受信》は、データの右側にあるのでスクロールして表示します。

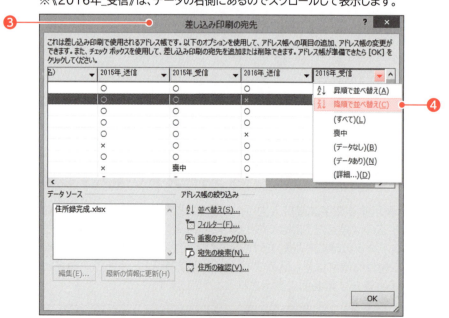

❺《2016年_受信》で《喪中》の人のデータが上に表示されます。

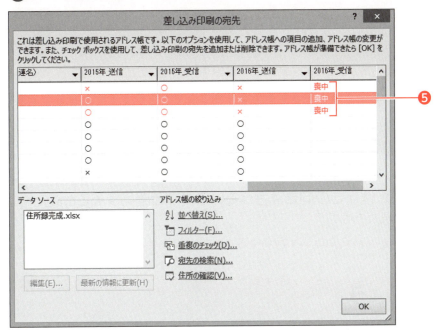

❻上から3件分のデータを☐にします。
※米村敬太さん、井上敏夫さん、太田修さんのデータになります。
※☑は、データの左側にあるのでスクロールして表示します。

❼《OK》をクリックします。

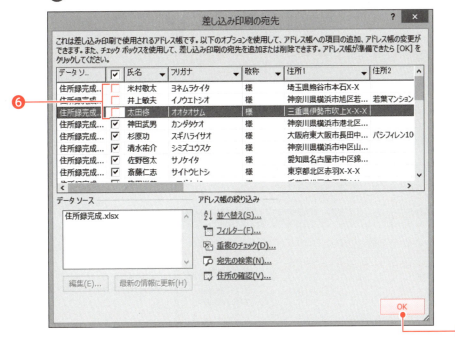

❽《喪中》の人のデータが非表示になります。
※4件目の神田武男さんのデータから表示されます。

7 宛名面を印刷しよう

これで宛名面が完成しました。ここまでくればあと一息ですね。
実際に印刷をしてみましょう。ただし、いきなり全データを印刷するのではなく、まずは1件分のデータをテスト印刷してみましょう。郵便番号が枠からはみ出していないか、はがきの向きは合っているかなど確認することはたくさんありますよ。

1件のみ印刷しよう

現在表示されているデータをテスト印刷しましょう。

❶《はがき宛名面印刷》タブを選択します。

❷《印刷》グループの (表示中のはがきを印刷) をクリックします。

❸《印刷》が表示されます。

❹《プリンター名》に出力するプリンター名が表示されていることを確認します。
※表示されていない場合は をクリックし、一覧から選択します。

❺《プロパティ》をクリックします。

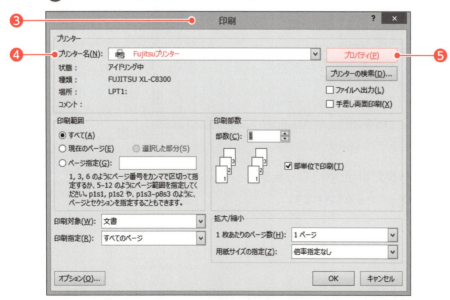

❻プロパティが表示されます。
※プリンターのプロパティでの設定項目は、お使いのプリンターによって異なります。
❼《設定》タブを選択します。
❽《サイズ》の▽をクリックし、一覧から《はがき》を選択します。
❾《OK》をクリックします。

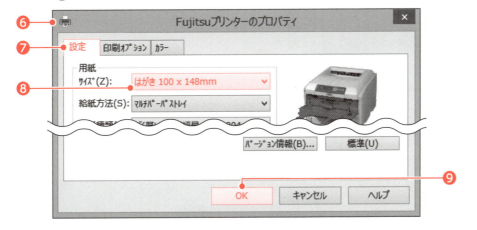

❿《印刷》に戻ります。
⓫《OK》をクリックします。
⓬印刷が開始されます。

> **豆知識　印刷位置の調整**
>
> テスト印刷の結果、郵便番号が枠からずれている場合などは、印刷位置を調整します。
> 印刷位置を調整するには、次のように操作します。
>
> ❶《はがき宛名面印刷》タブを選択
> ❷《編集》グループの (レイアウトの微調整) をクリック
> ❸《印刷位置の調整》を設定

全データを印刷しよう

すべてのデータを印刷しましょう。

❶《はがき宛名面印刷》タブを選択します。
❷《印刷》グループの (すべて印刷) をクリックします。

❸《プリンターに差し込み》が表示されます。

❹《すべて》を◉にします。

❺《OK》をクリックします。

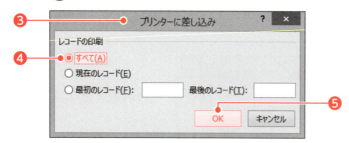

❻《印刷》が表示されます。

❼《プリンター名》に出力するプリンター名が表示されていることを確認します。

※表示されていない場合は⌄をクリックし、一覧から選択します。

❽《プロパティ》をクリックします。

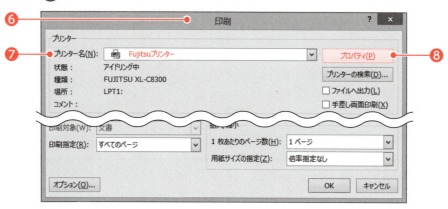

❾プロパティが表示されます。

※プリンターのプロパティでの設定項目は、お使いのプリンターによって異なります。

❿《設定》タブを選択します。

⓫《サイズ》が《はがき》になっていることを確認します。

⓬《OK》をクリックします。

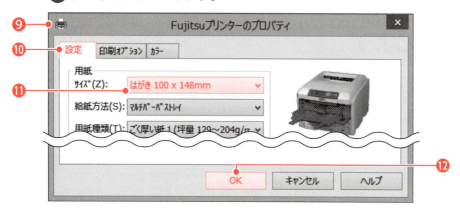

⓭《印刷》に戻ります。

⓮《OK》をクリックします。

⓯印刷が開始されます。

名前を付けて保存しよう

完成した宛名面に「縦書き宛名面完成」という名前を付けてデスクトップにファイルとして保存しましょう。

❶《ファイル》タブを選択します。

❷《名前を付けて保存》をクリックします。

❸《コンピューター》をクリックします。

❹《デスクトップ》をクリックします。

❺《名前を付けて保存》が表示されます。

❻《デスクトップ》が表示されていることを確認します。

❼《ファイル名》に「縦書き宛名面完成」と入力します。

❽《保存》をクリックします。

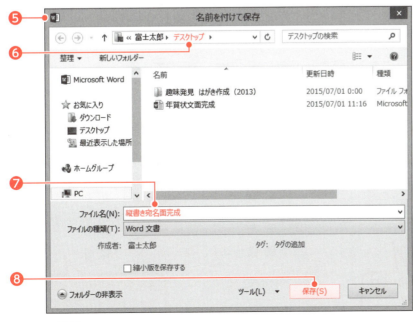

※ ✕ (閉じる)をクリックして、ワードを終了しておきましょう。

103

CoffeeBreak 宛名面のレイアウト

差し込みフィールドで住所を挿入する場合、もとになっている住所録に入力されているデータの長さによって、見栄えは大きく変わります。

●住所1も住所2も短い場合

離れすぎてバランスが悪い

●住所1も住所2も適当な長さの場合

ちょうどいいバランス

●住所1も住所2も長い場合

住所1の改行位置がいまひとつ

住所が表示される枠を大きめにしておけば、「住所が長すぎて表示されなかった」ということはほとんどありません。ただ、住所の改行位置などにもこだわりたい場合は、1件1件のデータを表示してレイアウトを整えていくという方法をとるとよいでしょう。1件1件のデータについてレイアウトを変更していく場合は、印刷する宛名データをすべて新規文書に差し込んでから作業を行います。
印刷する宛名データをすべて新規文書に差し込むには、次のように操作します。

❶《はがき宛名面印刷》タブを選択
❷《印刷》グループの 新規文書へ差し込み （新規文書へ差し込み）をクリック
❸《すべて》を◉にする
❹《OK》をクリック

●新規文書にデータを差し込むと、個別にレイアウトを調整できる

住所2の位置を調整

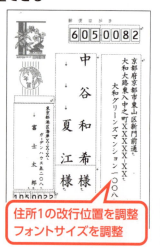

住所1の改行位置を調整
フォントサイズを調整

LESSON 4

同窓会の幹事もまかせて！
出欠確認に欠かせない
往復はがきを作ろう

1. 往復はがきで同窓会の案内状を作ろう ………106
2. 同級生の名前を宛名面に差し込もう……………108
3. 出欠確認の文面を作ろう ………………………115
4. 返信の宛名面に自分の名前を挿入しよう………123
5. 同窓会の案内状を作ろう ………………………130

レッスン4 同窓会の幹事もまかせて！ 出欠確認に欠かせない往復はがきを作ろう

1 往復はがきで同窓会の案内状を作ろう

同窓会の案内状を受け取ったことがありますか？
出欠を確認するため、往復はがきで送られてくることが多いものです。
もしも、あなたが同窓会の幹事になったら、往復はがきで同窓会の案内状を出せますか？
往復はがきの作成方法は難しくないので、ここでしっかりマスターしましょう。

完成イメージを確認しよう

次のような案内状を作りましょう。
※ワードを起動し、新しい文書を作成しておきましょう。

●往信の宛名面と返信の文面

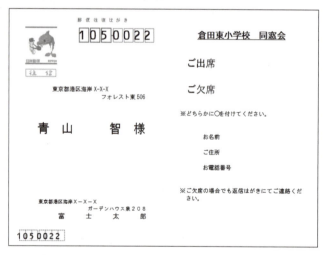

●返信の宛名面と往信の文面

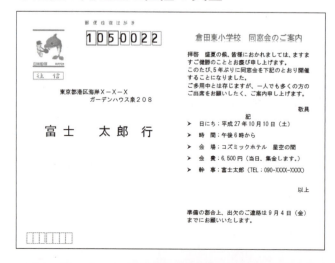

往復はがきを作成する手順を確認しよう

まずは、往復はがきを思い出してみましょう。次のような構成になっています。

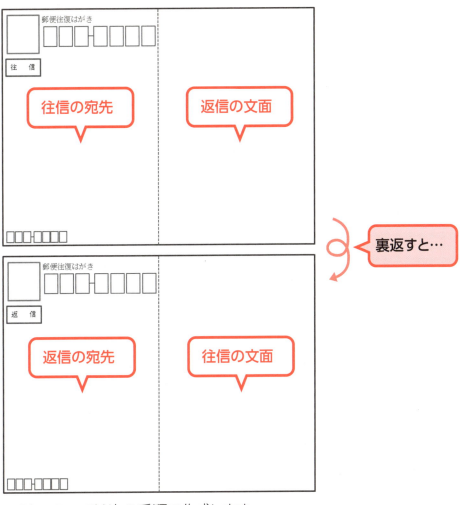

このレッスンでは次の手順で作成します。

1. 往信の宛名面を作成
2. 返信の文面を入力
3. 返信の宛先を入力
4. 往信の文面を入力

完成

2 同級生の名前を宛名面に差し込もう

> まずは、往信の宛名面を作っていきましょう。
> 往復はがきの場合も、レッスン3で使った「はがき宛名面印刷ウィザード」で宛名面を作ります。
> あらかじめ同級生の住所録を準備しておく必要がありますよ。

住所録を確認しよう

ブック「同窓会名簿」を確認しましょう。

※ここで使用するブックは、当社ホームページよりダウンロードしてください。（→P.2参照）
※ブック「同窓会名簿」は、フォルダー「趣味発見　はがき作成（2013）」内の「レッスン4」にあります。

	A	B	C	D	E	F
1	氏名	フリガナ	郵便番号	住所1	住所2	電話番号
2	青山 智	アオヤマ サトシ	1050022	東京都港区海岸X-X-X	フォレスト東506	03-XXXX-XXXX
3	阿部 佐代子	アベ サヨコ	1660001	東京都杉並区阿佐谷北X-X-X	グリーンズビル801	03-XXXX-XXXX
4	有野 洋子	アリノ ヨウコ	5640052	大阪府吹田市広芝町X-X		06-XXXX-XXXX
5	有村 千恵子	アリムラ チエコ	1050022	東京都港区海岸X-X-X		03-XXX-XXXX
6	大谷 孝子	オオタニ タカコ	4311209	静岡県浜松市西区館山寺町XXX	南マンション201	053-XXX-XXXX
7	大西 雅之	オオニシ マサユキ	1050022	東京都港区海岸X-X-X		03-XXXX-XXXX
8	小川 佳代子	オガワ カヨコ	2410801	神奈川県横浜市旭区若葉台X-X-X		045-XXX-XXXX
9	片瀬 紀夫	カタセ ノリオ	1050022	東京都港区海岸X-X-X		03-XXXX-XXXX
10	川本 篤志	カワモト アツシ	2510034	神奈川県藤沢市片瀬目白山X-X		0466-XX-XXXX
11	川本 剛史	カワモト ツヨシ	1050022	東京都港区海岸X-X-X		03-XXXX-XXXX
12	神崎 信吾	カンザキ シンゴ	1050022	東京都港区海岸X-X-X	港マンション103	03-XXXX-XXXX
13	岸田 美千代	キシダ ミチヨ	6780215	兵庫県赤穂市御崎X-X	イースト御崎607	0791-XX-XXXX
14	北村 直子	キタムラ ナオコ	5900079	大阪府堺市堺区新町X-X		072-XXX-XXXX
15	小林 敦子	コバヤシ アツコ	2520143	神奈川県相模原市緑区橋本X-XX	グリーンズ橋本602	042-XXX-XXXX
16	近藤 智之	コンドウ トモユキ	1050022	東京都港区海岸X-X-X		03-XXXX-XXXX
17	坂本 優子	サカモト ユウコ	1050022	東京都港区海岸X-X-X		03-XXXX-XXXX
18	清水 美奈子	シミズ ミナコ	2740077	千葉県船橋市薬円台X-X-X		047-XXX-XXXX
19	白井 康史	シライ ヤスシ	1050022	東京都港区海岸X-X-X	サウスパーク2001	03-XXXX-XXXX
20	中尾 弘明	ナカオ ヒロアキ	2900051	千葉県市原市君塚X-X-X		0436-XX-XXXX
21	西尾 豊	ニシオ ユタカ	1050022	東京都港区海岸X-X-X	シーサイドタワー2103	03-XXXX-XXXX
22	野尻 武	ノジリ タケシ	2410801	神奈川県横浜市旭区若葉台X-X-X	若葉マンション1008	045-XXX-XXXX
23	長谷川 智典	ハセガワ トモノリ	4600022	愛知県名古屋市中区金山X-X		052-XXX-XXXX
24	長谷部 知彦	ハセベ トモヒコ	1000005	東京都千代田区丸の内X-X	マンション丸の内1007	03-XXXX-XXXX
25	本田 守	ホンダ マモル	3320034	埼玉県川口市並木X-X-X		048-XXX-XXXX
26	峰 祐二	ミネ ユウジ	1050022	東京都港区海岸X-X-X		03-XXXX-XXXX
27	三宅 大介	ミヤケ ダイスケ	1350091	東京都港区台場X-X	シティーローズ1005	03-XXXX-XXXX
28	森本 陽一	モリモト ヨウイチ	1050022	東京都港区海岸X-X-X		03-XXXX-XXXX
29	山元 幸一	ヤマモト コウイチ	1010021	東京都千代田区外神田X-X	神田グリーンズ607	03-XXXX-XXXX
30	吉沢 勝夫	ヨシザワ カツオ	1600023	東京都新宿区西新宿X-X-X		03-XXXX-XXXX
31	米原 浩之	ヨネハラ ヒロユキ	1620855	東京都新宿区二十騎町X-X	ロレタクレース307	03-XXXX-XXXX

※ブック「同窓会名簿」を確認できたら、✕（閉じる）をクリックして、エクセルを終了しておきましょう。

往信の宛名面を作ろう

はがき宛名面印刷ウィザードを使って、往信の宛名面を横書きで作りましょう。

●はがきの様式、フォント

```
横書き
フォント：HG（エイチジー）ゴシックM（エム）
```

●差出人情報

```
氏名　　　：富士太郎
郵便番号：1050022
住所1　　：東京都港区海岸X-X-X
住所2　　：ガーデンハウス泉208
```

❶《差し込み文書》タブを選択します。

❷《作成》グループの はがき印刷 （はがき印刷）をクリックします。

❸《宛名面の作成》をクリックします。

❹《はがき宛名面印刷ウィザード》が表示されます。

❺《次へ》をクリックします。

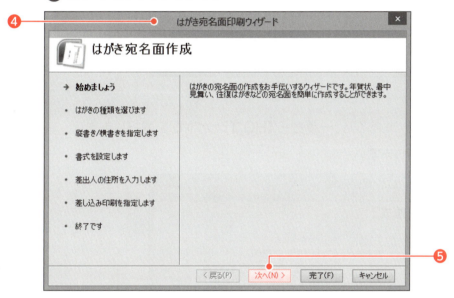

❻《往復はがき》を◉にします。

❼《次へ》をクリックします。

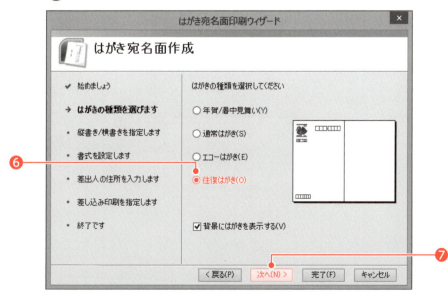

❽《横書き》を◉にします。
❾《差出人の郵便番号を住所の上に印刷する》を☐にします。
❿《次へ》をクリックします。

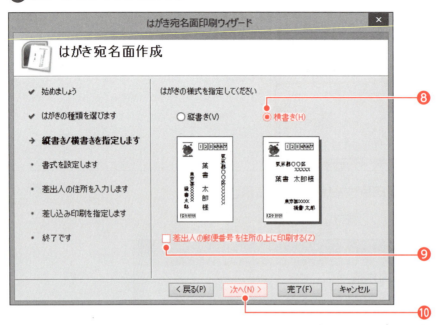

⓫《フォント》の▽をクリックし、一覧から《HGゴシックM》を選択します。
⓬《次へ》をクリックします。

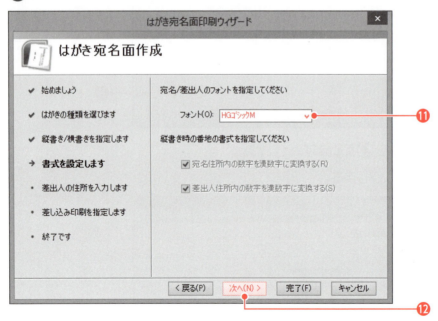

⑬《差出人を印刷する》を☑にします。
⑭《氏名》に「富士太郎」と入力します。
⑮《郵便番号》に「1050022」と入力します。
⑯《住所1》に「東京都港区海岸X-X-X」と入力します。
⑰《住所2》に「ガーデンハウス泉208」と入力します。
⑱《次へ》をクリックします。

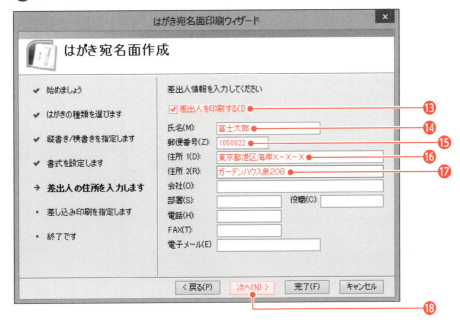

⑲《既存の住所録ファイル》を◉にします。
⑳《参照》をクリックします。

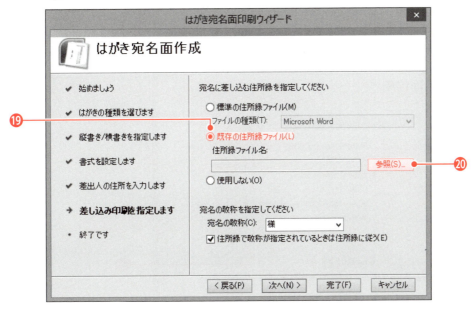

㉑《住所録ファイルを開く》が表示されます。
㉒左側の一覧から《デスクトップ》を選択します。
㉓フォルダー「趣味発見　はがき作成（2013）」をダブルクリックします。
㉔フォルダー「レッスン4」をダブルクリックします。
㉕一覧から「同窓会名簿」を選択します。
㉖《開く》をクリックします。

㉗《はがき宛名面印刷ウィザード》に戻ります。
㉘《宛名の敬称》の をクリックし、一覧から「様」を選択します。
㉙《次へ》をクリックします。

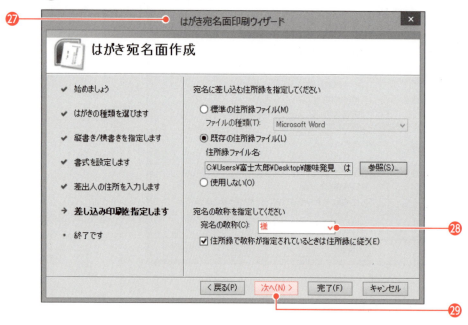

㉚《完了》をクリックします。

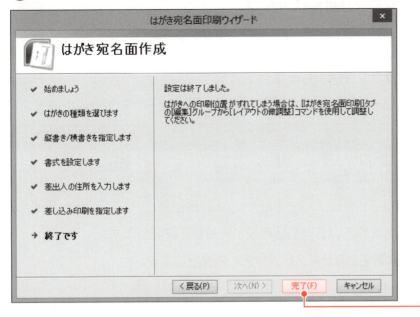

㉛《テーブルの選択》が表示されます。
㉜《同窓会$》が選択されていることを確認します。
㉝《先頭行をタイトル行として使用する》を☑にします。
㉞《OK》をクリックします。

㉟往信の宛名面が作成されます。

不要なフィールドを削除しよう

差し込みフィールドを表示して、不要なフィールドを削除しましょう。

❶《差し込み文書》タブを選択します。

❷《結果のプレビュー》グループの (結果のプレビュー)をクリックします。

❸宛名面に差し込まれている差し込みフィールドを確認します。

❹《会社名》と《部署名》のテキストボックスを選択します。

❺ Delete を押します。

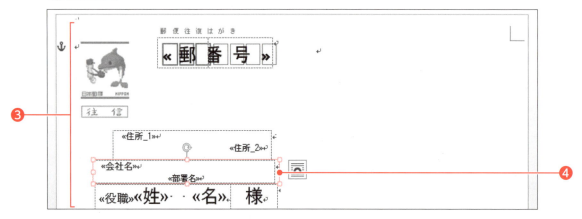

❻《役職》を選択します。

❼ Delete を押します。

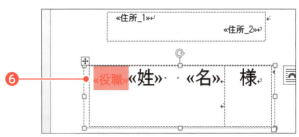

❽不要なフィールドが削除されます。

※ ➡(タブ)が表示された場合は、➡(タブ)も削除しておきましょう。

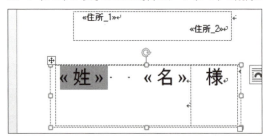

※ (結果のプレビュー)をクリックしておきましょう。

3 出欠確認の文面を作ろう

> 往信の宛名面の横には返信の文面を作ります。
> 往復はがきの構成をよく考えて間違いのないようにしたいですね。返信の文面は自分宛てに返送されてくるものになります。もしかすると、同級生からメッセージが書かれて返送されてくるかもしれません。シンプルで必要最小限の内容を載せておくとよいでしょう。

返信の文面を入力しよう

返信の文面には、あらかじめテキストボックスが挿入されています。テキストボックス内に、次の文章を入力しましょう。

```
倉田東小学校□同窓会↵
↵
↵
ご出席↵
ご欠席↵
※どちらかに〇を付けてください。↵
↵
↵
お名前↵
ご住所↵
お電話番号↵
↵
※ご欠席の場合でも返信はがきにてご連絡ください。
```

※↵で Enter を押して、改行します。
※□で[　　　]（スペース）を押して、空白を入力します。

❶図の位置をクリックします。

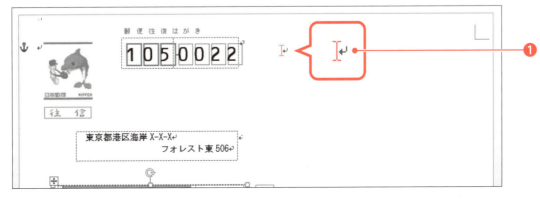

❷カーソルが表示されます。

❸文字を入力します。

タイトルに書式を設定しよう

「倉田東小学校　同窓会」に、次の書式を設定しましょう。

> フォントサイズ：16ポイント
> 太字
> 一重下線
> 中央揃え

❶「倉田東小学校　同窓会」の行を選択します。

❷《ホーム》タブを選択します。

❸《フォント》グループの 10.5 ▼ （フォントサイズ）の ▼ をクリックします。

❹《16》をクリックします。

❺《フォント》グループの B （太字）をクリックします。

❻《フォント》グループの U ▼ （下線）の ▼ をクリックします。

❼《――――》（一重下線）をクリックします。

❽《段落》グループの ≡ （中央揃え）をクリックします。

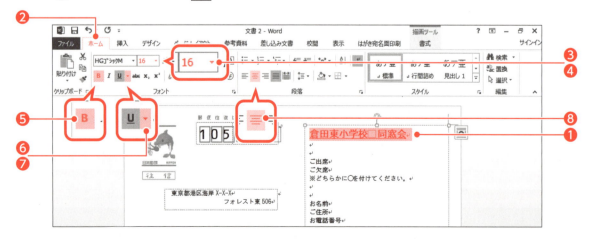

❾書式が設定されます。

※選択を解除しておきましょう。

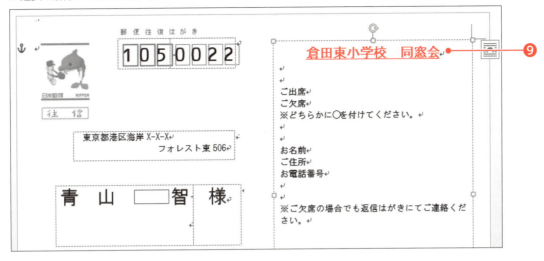

ためしてみよう

「ご出席」「ご欠席」のフォントサイズを「18」ポイントに設定しましょう。

ためしてみよう　解答

①「ご出席」と「ご欠席」の行を選択
②《ホーム》タブを選択
③《フォント》グループの 10.5 （フォントサイズ）の をクリック
④《18》をクリック

左インデントと行間を設定しよう

「ご出席」「ご欠席」の左インデントを1文字分、行間を2行に設定しましょう。

❶「ご出席」と「ご欠席」の行を選択します。

❷《ホーム》タブを選択します。

❸《段落》グループの をクリックします。

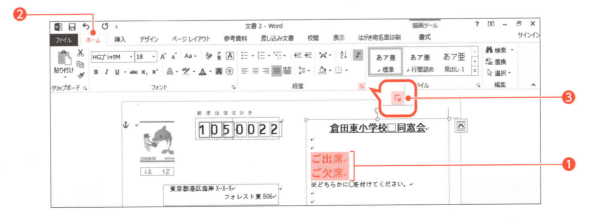

❹《段落》が表示されます。

❺《インデントと行間隔》タブを選択します。

❻《インデント》の《左》を「1字」に設定します。

❼《間隔》の《行間》の⌄をクリックし、一覧から《2行》を選択します。

❽《OK》をクリックします。

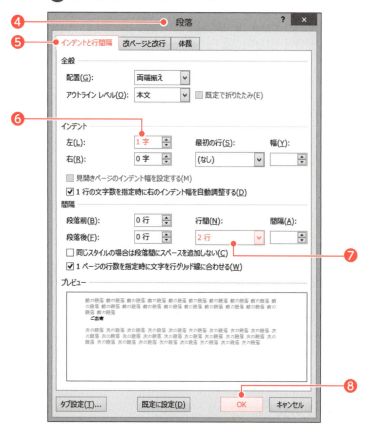

❾左インデントと行間が設定されます。

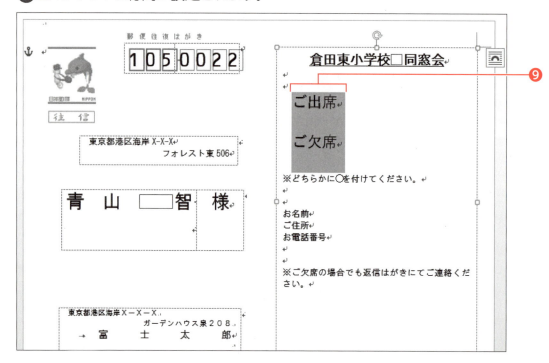

ためしてみよう

「お名前」「ご住所」「お電話番号」に、次の書式を設定しましょう。

```
左インデント ：4文字分
行間　　　　：2行
```

ためしてみよう　解答

①「お名前」「ご住所」「お電話番号」の行を選択
②《ホーム》タブを選択
③《段落》グループの をクリック
④《インデントと行間隔》タブを選択
⑤《インデント》の《左》を「4字」に設定
⑥《間隔》の《行間》の をクリックし、一覧から《2行》を選択
⑦《OK》をクリック

ぶら下げインデントを設定しよう

「※ご欠席の場合でも…」の段落に、ぶら下げインデントを1文字分、設定しましょう。

❶「※ご欠席の場合でも…」の段落にカーソルを移動します。
※段落内であれば、どこでもかまいません。
❷《ホーム》タブを選択します。
❸《段落》グループの をクリックします。

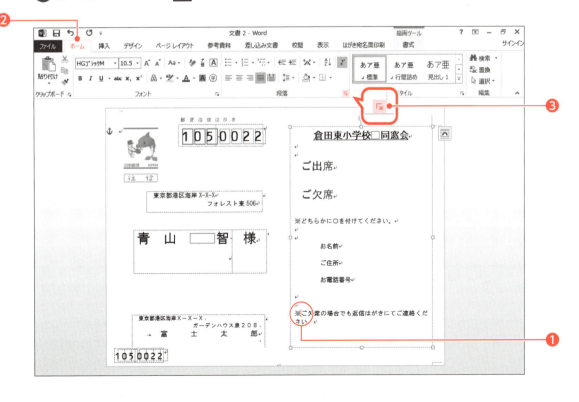

❹《段落》が表示されます。
❺《インデントと行間隔》タブを選択します。
❻《インデント》の《最初の行》の▽をクリックし、一覧から《ぶら下げ》を選択します。
❼《インデント》の《幅》を「1字」に設定します。
❽《OK》をクリックします。

❾ぶら下げインデントが設定されます。

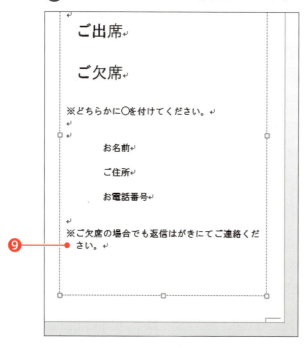

豆知識　文字の書式設定と段落の書式設定

フォントサイズの変更や太字、下線などの書式を設定する場合は、設定する文字を範囲選択する必要があります。これは、文字に対して書式を設定するためです。
それに対して、左インデントやぶら下げインデント、行間などの書式を設定する場合は、カーソルを対象の段落に移動しておくだけでかまいません。これは、段落に対して書式を設定するためです。

●文字の書式設定の場合

しっかり文字を選択する！

●段落の書式設定の場合

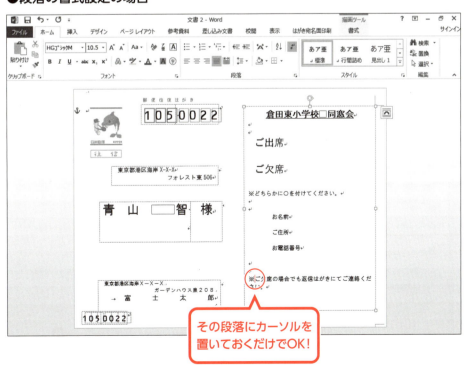

その段落にカーソルを置いておくだけでOK！

名前を付けて保存しよう

往信の宛名面に「往信宛名面完成」という名前を付けて、デスクトップにファイルとして保存しましょう。

❶《ファイル》タブを選択します。
❷《名前を付けて保存》をクリックします。
❸《コンピューター》をクリックします。
❹《デスクトップ》をクリックします。

❺《名前を付けて保存》が表示されます。
❻《デスクトップ》が表示されていることを確認します。
❼《ファイル名》に「往信宛名面完成」と入力します。
❽《保存》をクリックします。

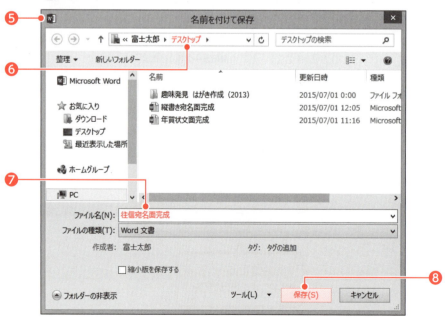

※ ✕ （閉じる）をクリックして開いている文書をすべて閉じ、ワードを終了しておきましょう。

4 返信の宛名面に自分の名前を挿入しよう

さあ、次は返信の宛名面を作ります。
返信の宛名面には自分の住所と名前を入れるため、往信の宛名面とは違い、住所録は必要ありません。

返信の宛名面を作ろう

はがき宛名面印刷ウィザードを使って、返信の宛名面を横書きで作りましょう。
※ワードを起動し、新しい文書を作成しておきましょう。

❶《差し込み文書》タブを選択します。
❷《作成》グループの （はがき印刷）をクリックします。
❸《宛名面の作成》をクリックします。

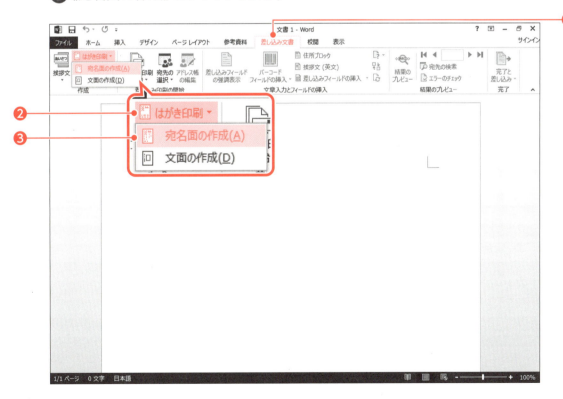

❹《はがき宛名面印刷ウィザード》が表示されます。

❺《次へ》をクリックします。

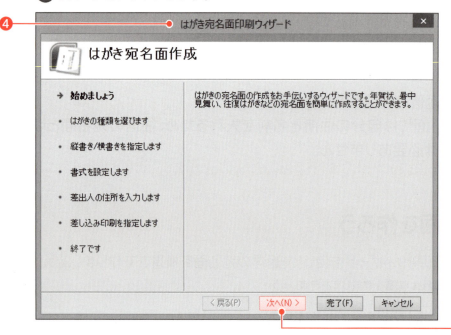

❻《往復はがき》を◉にします。

❼《次へ》をクリックします。

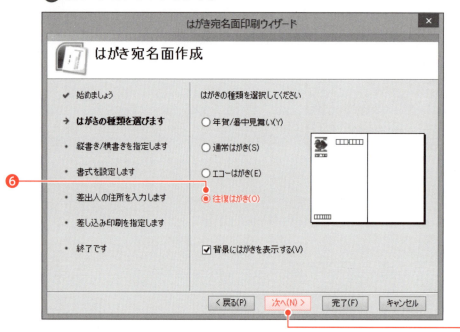

❽《横書き》を◉にします。

❾《次へ》をクリックします。

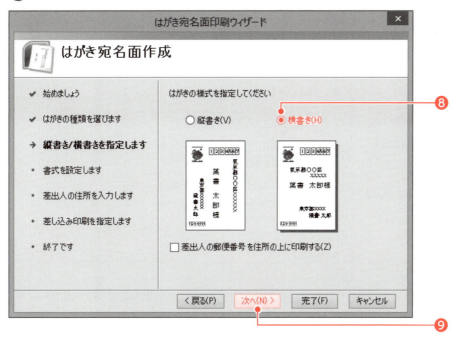

❿《フォント》の∨をクリックし、一覧から《HGゴシックM》を選択します。

⓫《次へ》をクリックします。

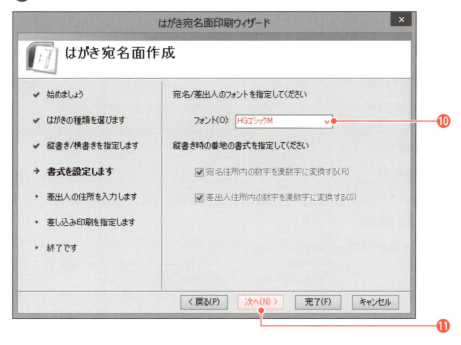

⑫《差出人を印刷する》を☐にします。

⑬《次へ》をクリックします。

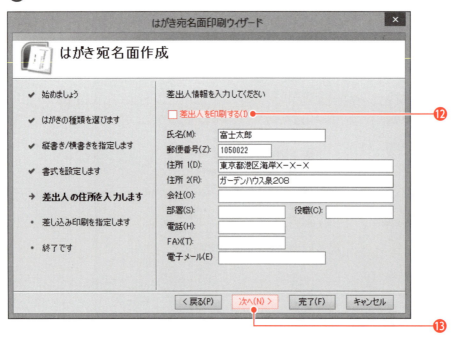

⑭《使用しない》を◉にします。

⑮《宛名の敬称》の▼をクリックし、一覧から《行》を選択します。

⑯《次へ》をクリックします。

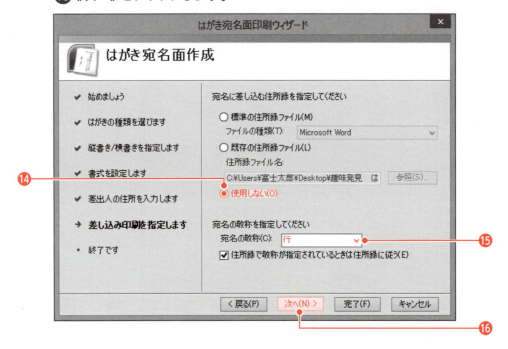

❼《完了》をクリックします。

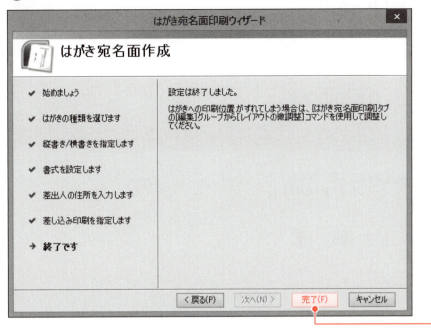

❽返信面が作成されます。

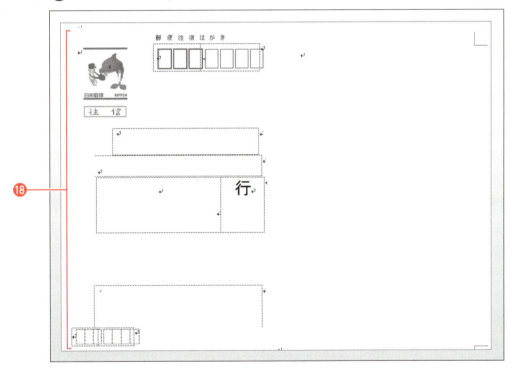

> 📖 豆知識　**宛先が空欄の宛名面を作る**
>
> 年賀状を出す場合や同窓会の連絡をする場合など、これまで宛名面を作るときには、住所録に登録されているデータを次々と差し込むような設定をしました。
> 今回のように、同じ宛先を表示したいという場合は、はがき宛名面印刷ウィザードで住所録を指定せずに、宛先は空欄のまま作ります。
> 空欄の宛名面ができあがったあとで、直接データを入力していきます。

宛先を直接入力しよう

空欄の宛名面に、次のように入力しましょう。

❶《はがき宛名面印刷》タブを選択します。

❷《編集》グループの (宛名住所の入力) をクリックします。

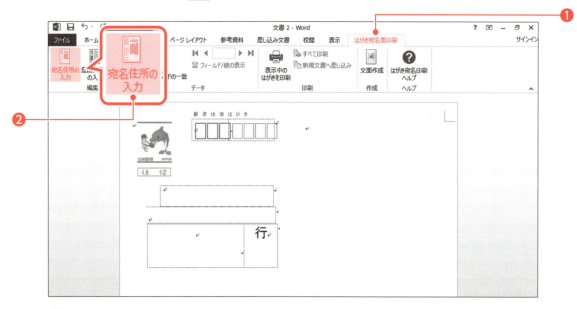

❸《宛名住所の入力》が表示されます。

❹《氏名》に「富士　太郎」と入力します。

❺《郵便番号》に「1050022」と入力します。

❻《住所1》に「東京都港区海岸X－X－X」と入力します。

❼《住所2》に「ガーデンハウス泉208」と入力します。

❽《OK》をクリックします。

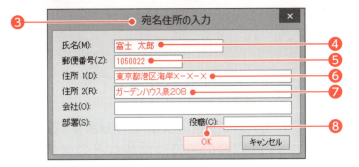

❾宛先情報が入力されます。

ためしてみよう

「富士　太郎」の前にある➡（タブ）を削除しましょう。

ためしてみよう　解答

① ➡（タブ）を選択
② Delete を押す

☕CoffeeBreak 返信の宛名面なのに「往信」になっているけど…

「返信の宛先」を作っている途中ですが、画面をよく見ると、往復はがきのイラストが「往信」になっていますね。
ワードでは、往復はがきを作るときは、どちらの面を作る場合でもこのイラストが表示されます。少し心配になりますが、実際の往復はがきも往信と返信では色が違うだけでレイアウトはまったく同じです。
お手元に往復はがきがある場合は、ぜひ確認してみてくださいね。

レッスン 5 同窓会の案内状を作ろう

> 往復はがきの完成まであと少しです。最後に往信の文面を作ります。往信の文面は相手の手元に残るものです。同窓会の日時や場所などの連絡事項が確実に伝わるように、箇条書きなどで仕上げるとよいでしょう。

往信の文面を入力しよう

往信の文面に、次のように入力しましょう。

```
倉田東小学校□同窓会のご案内↵
↵
拝啓□盛夏の候、皆様におかれましては、ますますご健勝のこととお慶び申し上げます。↵
このたび、5年ぶりに同窓会を下記のとおり開催することになりました。↵
ご多用中とは存じますが、一人でも多くの方のご出席をお願いしたく、ご案内申し上げます。↵
↵
敬具↵
記↵
日にち：平成27年10月10日（土）↵
時□間：午後6時から↵
会□場：コズミックホテル□星空の間↵
会□費：6,500円（当日、集金します。）↵
幹□事：富士太郎（TEL：090-XXXX-XXXX）↵
↵
以上↵
↵
↵
準備の都合上、出欠のご連絡は9月4日（金）までにお願いいたします。
```

※↵で Enter を押して、改行します。
※□で [   ]（スペース）を押して、空白を入力します。

❶図の位置をクリックします。

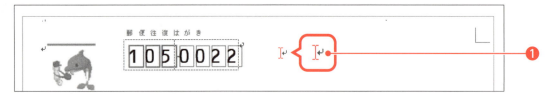

❷図のように入力します。

❸「拝啓」と入力し、☐☐☐☐（スペース）を押します。

❹自動的に右揃えで「敬具」と入力されます。

❺続けて、図のように入力します。

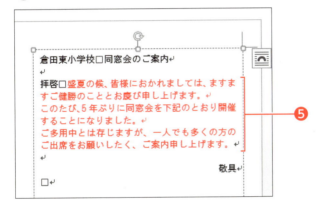

❻「敬具」の下の行にカーソルを移動します。

❼空白文字を削除して、「記」と入力し、Enter を押します。

❽自動的に「記」が中央揃えになり、右揃えで「以上」が入力されます。

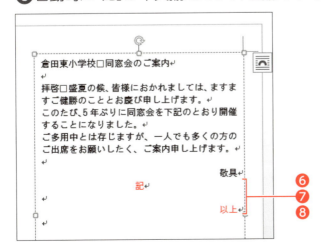

❾続けて、図のように入力します。

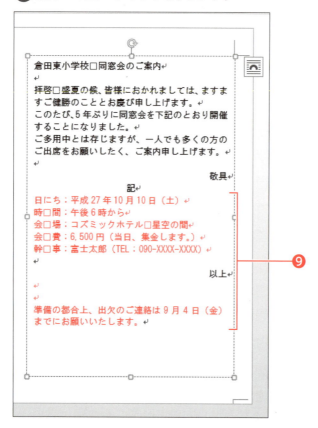

豆知識 オートフォーマット

文章の入力中に、ワードが自動的に入力を手助けしたり、書式を設定したりすることがあります。これは「オートフォーマット」と呼ばれる文書作成を手助けする機能が働いているためです。もちろん、自動的に入力された語句が必要でなければ削除することもできます。

●オートフォーマットの例

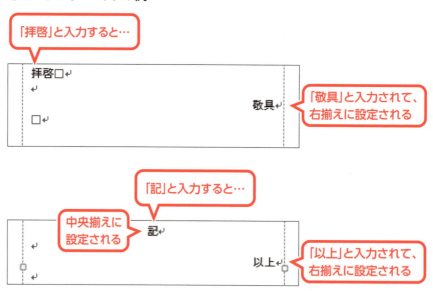

箇条書きを設定して見やすいレイアウトに変更しよう

「日にち」から「幹　事」の行に、次の書式を設定しましょう。

```
箇条書き　：行頭文字「➢」
行間　　　：1.5行
```

❶「日にち」から「幹　事」の行を選択します。
❷《ホーム》タブを選択します。
❸《段落》グループの （箇条書き）の をクリックします。
❹《➢》をクリックします。

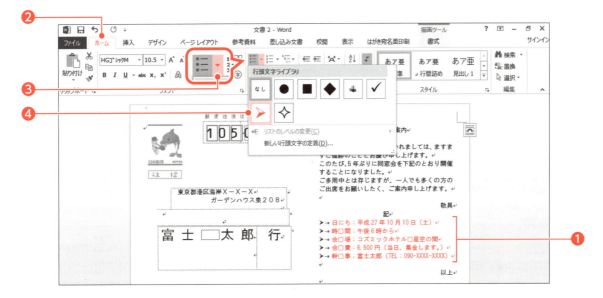

❺《段落》グループの （行と段落の間隔）をクリックします。
❻《1.5》をクリックします。

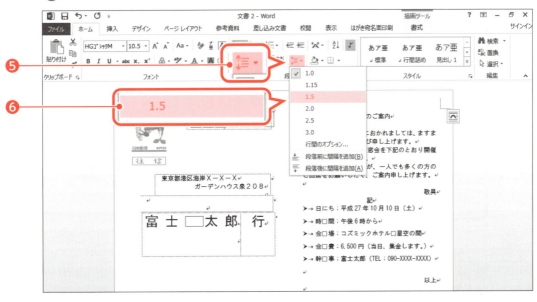

133

❼書式が設定されます。

※選択を解除しておきましょう。

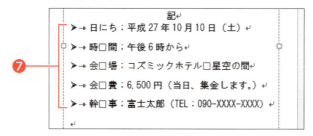

タイトルに効果を適用しよう

「倉田東小学校　同窓会のご案内」に、次の書式を設定しましょう。

文字の効果　　：塗りつぶし（グラデーション）-青、アクセント1、反射
フォントサイズ：14ポイント
中央揃え

❶「倉田東小学校　同窓会のご案内」の行を選択します。

❷《ホーム》タブを選択します。

❸《フォント》グループの A▼ （文字の効果と体裁）をクリックします。

❹《塗りつぶし（グラデーション）-青、アクセント1、反射》をクリックします。

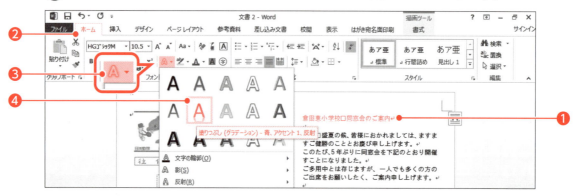

❺《フォント》グループの 10.5▼ （フォントサイズ）の ▼ をクリックします。

❻《14》をクリックします。

❼《段落》グループの ≡ （中央揃え）をクリックします。

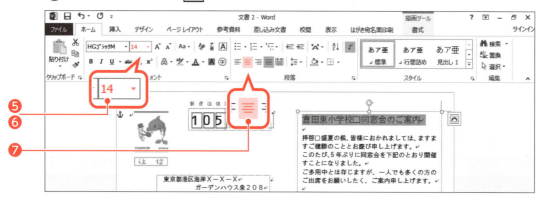

❽書式が設定されます。

※選択を解除しておきましょう。

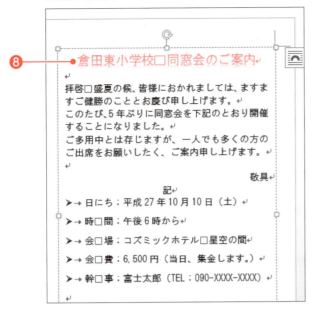

名前を付けて保存しよう

返信の宛名面に「返信宛名面完成」という名前を付けて、デスクトップにファイルとして保存しましょう。

❶《ファイル》タブを選択します。

❷《名前を付けて保存》をクリックします。

❸《コンピューター》をクリックします。

❹《デスクトップ》をクリックします。

❺《名前を付けて保存》が表示されます。
❻《デスクトップ》が表示されていることを確認します。
❼《ファイル名》に「返信宛名面完成」と入力します。
❽《保存》をクリックします。

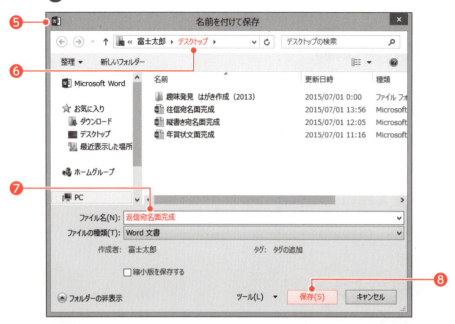

※ ✕ （閉じる）をクリックして開いている文書をすべて閉じ、ワードを終了しておきましょう。

CoffeeBreak　往復はがきを印刷するときの注意点

往復はがきができあがったら、次は印刷ですね。そのときに注意することがいくつかあります。

●折っていない往復はがきを準備する
通常、往復はがきは真ん中に折り目があります。この折り目にそって折られている状態のはがきをプリンターで印刷すると、はがきの吸い込みがうまくいかなかったり、はがきが詰まったり、印刷位置がずれてしまったりしてなかなかうまくいきません。
プリンターで印刷する場合は、折っていない状態の往復はがきを利用するとよいでしょう。
ただし、投函する前に必ず折るのを忘れないようにしましょうね。

●印刷面を間違えないように
P.107の「往復はがきを作成する手順を確認しよう」のところでも、「往信の宛先」と「返信の文面」、「返信の宛先」と「往信の文面」がセットになるということをお話ししましたが、これは印刷するときにも忘れないでくださいね。
うっかり、はがきを間違えてセットすると、往信と返信が逆になった往復はがきができあがってしまいますよ。

※プリンターによって、はがきをセットする方向は異なります。お使いのプリンターの取扱説明書をご確認ください。

特集

特集 1 はがきの宛名面に関するマナー ………… 138
特集 2 年賀状に関するマナー …………………… 142

特集1

はがきの宛名面に関するマナー

はがきの宛名面に書く内容といえば、「郵便番号」「住所」「宛先」。この3つがメインですね。それ以外に、差出人の情報を書くこともあります。
少ない情報しかない宛名面ですが、なかでも宛先には相手の顔ともいえる氏名や会社名など、重要な要素が含まれています。
ここでは、失礼のない宛名面に仕上げるために、知っておくとよいマナーをご紹介します。

マナー1　住所は省略していいの?

基本的には、郵便物は郵便番号で仕分けされて相手先に届けられます。そのため、郵便番号に間違いがなければ、住所はある程度省略しても届きます。しかし、都道府県名から省略せずに記入してある方が、フォーマルな印象を与えるので、目上の方や取引先など敬意を払う必要がある場合は、省略しない方がよいでしょう。

しかも、郵便番号が間違っていたり、汚れたりにじんだりして読みにくくなっていたりすると、誤って配達される可能性も出てきます。やはり、頼りになるのは住所です。都道府県名まできちんと記入している方が安心ですね。

また、建物名についても同じことがいえます。部屋番号だけを記入するのではなく、わかっているのなら、建物名も省略せず記入するようにしましょう。

●住所を省略していない場合　　　●住所を省略している場合

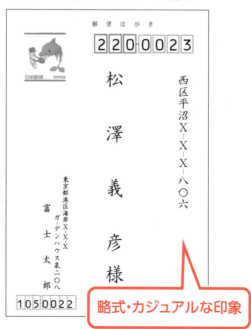

マナー2 敬称や肩書きはどう組み合わせる?

宛先が会社の場合に、気を付けなければならないのが敬称や肩書きです。会社や部署などの組織を宛先とする場合は「御中」を使います。

- 株式会社エフ・オー・エム御中
- 株式会社エフ・オー・エム　営業部御中

- 株式会社エフ・オー・エム様
- 株式会社エフ・オー・エム　営業部様

では、宛先が社長や部長の場合だとどうなるでしょうか。「社長」や「部長」という言葉自体が敬称を含んだ言葉であるため、「社長様」や「部長様」とはしません。しかし、「〇〇社長」とか「〇〇部長」と書いてしまうと、呼び捨てにしているような感覚になってしまいますね。そのような場合は、「社長　〇〇様」「部長　〇〇様」という表現を用いるとよいでしょう。

- 株式会社エフ・オー・エム
　　代表取締役社長　田中浩一郎様
- 株式会社エフ・オー・エム
　　営業部長　高橋敏明様

- 株式会社エフ・オー・エム
　　田中浩一郎代表取締役社長様
- 株式会社エフ・オー・エム
　　高橋敏明営業部長様

マナー3 連名はどのように配置するのがスマート?

会社内の複数の人宛てや夫婦、家族宛てに出す場合など、宛先が複数人になるケースがあります。必ず、すべての宛先に敬称を付けるようにしましょう。

宛先に自分の名前が入っているとやはり嬉しいもので、差出人の心遣いを感じますね。ただ、連名の人数が多くなるような場合は、バランスが悪く読みにくくなってしまうこともあります。そのような場合は、フォントサイズを調整したり、連名をまとめたり、はがきを別にしたりして対応するとよいでしょう。

宛先は何が何でも連名にする必要はありません。
自分にとって面識のない人なのに、家族だから、結婚しているからということで、宛先を連名にする必要はありません。あくまでも、面識のある人を宛先にするというスタンスでいいでしょう。

●家族4人分の宛先を明記する場合

- 全員の名前が書いてあることで心遣いを感じる
- 親しみを感じる
- 宛先が多すぎてバランスがとりにくい

●連名をまとめる場合

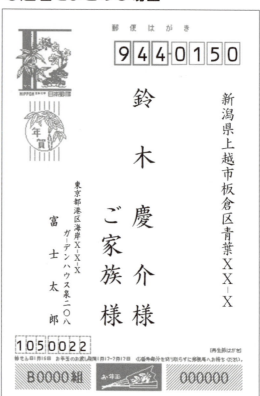

- 宛先がすっきりする
- 代表者とその家族への配慮を感じる
- やや硬い印象

●はがきを別にする場合

- 親しみを感じる
- 家族への配慮を感じる
- 宛先を別にすることで、文面も宛先に合わせたものにできる

会社を宛先とする場合は、「会社名 ＋ 御中」が基本です。部署宛ての場合は、「会社名 ＋ 部署名 ＋ 御中」となります。

しかし、その会社のスタッフと親しくしている場合などは、宛先に個人名を入れたり、「スタッフ御一同 ＋ 様」としたりするとよいのではないでしょうか。

●宛先を会社にする場合

- 宛先がすっきりする
- フォーマルな印象

●宛先に個人名を入れる場合

- 「組織名 ＋ 御中」より親しみを感じる
- 代表者とその部下への配慮を感じる

特集2 年賀状に関するマナー

「普段はメールで気軽にやり取りする仲だけど、年賀状でのあいさつは欠かさない」「年賀状が届くのは、元気にしている証拠」などなど…
年賀状のやり取りにはいろいろな思いが込められていますね。
一年に一度しか出すことのない年賀状だからこそ、礼儀正しくやり取りしたいですよね。
ここでは、年賀状にまつわるいろいろなマナーをご紹介します。

マナー1 年賀状の祝詞はどれでも一緒?

年賀状に付き物の「謹賀新年」「賀正」「頌春」「明けましておめでとう」などの祝詞。いろいろなパターンがありますが、使い方にマナーがあることをご存知でしょうか。
年賀状でよく使われる祝詞には、次のようなものがあります。

祝詞	使い方
●1文字 「賀」「寿」「春」「福」　など ●2文字 「新春」「迎春」「頌春」「賀春」「賀正」 　　　　　　　　　　　　　　　　　など	1文字や2文字の祝詞は略式のものとなるため、部下や同僚、友人などに使います。 ※上司や目上の方には使わないようにします。
●4文字 「謹賀新年」「謹賀新春」「恭賀新年」 「敬頌新禧」 　　　　　　　　　　　　　　　　　など	4文字の祝詞には、「謹(つつしむ)」「恭(うやうやしく)」「敬(うやまう)」「頌(ほめたえる)」のようなへりくだった表現が使われているため、上司や目上の方に使います。 ※部下や友人などに使っても問題ありません。
●文章 「明けましておめでとうございます」 「新春のお慶びを申し上げます」 「謹んで初春のお慶びを申し上げます」 「謹んで新春のご祝詞を申し上げます」 　　　　　　　　　　　　　　　　　など	文章の祝詞は万人向けといえます。 上司や目上の方に対しては、「謹んで」という表現の入った文章にするとよいでしょう。

また、祝詞や日付は重複しないように注意しましょう。

マナー2　年賀状を出していない人から届いたら?

年賀状を出していない人から、年賀状が届いたらどうしていますか?「来年出せばいいかな」と自分に言い聞かせてはいませんか?
出していない人から届いた場合は、すぐに返事を書きましょう。1月5日～1月7日くらいまでに相手先に届くようであれば年賀状として、それを過ぎてしまうような場合には「寒中見舞い」として返事を出します。
返事を書く場合、文面には「新年のご祝詞をいただきながら、ご挨拶が遅くなり申し訳ございません」というような年賀状をいただいたお礼の気持ちと、返事が遅れたお詫びの気持ちを添えるようにします。

マナー3　相手が喪中と知らずに年賀状を出してしまったら?

年賀状を投函したあとで相手が喪中ということがわかった場合は、すぐにお悔みとお詫びの連絡を入れるとよいでしょう。その後、年が明けてから寒中見舞いとして、お悔みの気持ちを伝えるようにします。
また、年賀状を送った相手から年明け後、寒中見舞いなどで喪中であることを知らされた場合は、すぐにお悔みとお詫びの連絡を入れましょう。

マナー4 そのほかのはがきに関して気を付けることは?

暑中見舞いや往復はがきの返信、誕生日カードなどを出すときに気を付けることには、次のようなものがあります。

●暑中見舞い・残暑見舞いのポイント

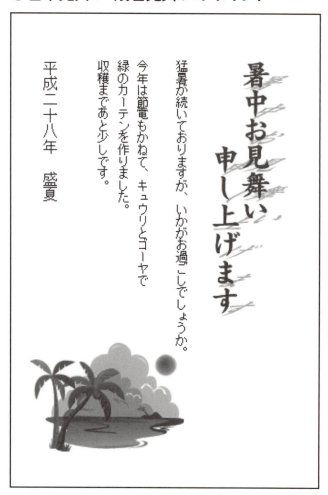

・**出す時期**
　暑中見舞いは「7月初旬～立秋まで」、残暑見舞いは「立秋～8月末まで」を目安とします。

・**季節の言葉**
　暑中見舞いの季節の言葉は「盛夏」、残暑見舞いの季節の言葉は「晩夏」「立秋」が一般的です。

・**相手に対する配慮**
　例えば、冷夏だった場合など、「過ごしやすい」というような表現を入れることもあるかと思います。自分の住んでいる地域は冷夏で過ごしやすくても、相手の生活に影響を及ぼしていたり、気候による被害があったりする場合もあります。
　文章を書くときは、相手の状況にも配慮しましょう。

● 往復はがきの返信のポイント

- **出す時期**
  返信期日まで余裕があっても、受け取ったらできるだけ早く返信しましょう。

- **返信相手の敬称の変更**
  忘れずに返信先の敬称を変更しましょう。「行」や「宛」を斜め二重線で消し、「様」や「御中」に変更します。

- **自分に対する敬称を削除**
  「お名前」「ご住所」など、自分の情報を記入する欄の敬称を削除します。1文字なら斜め二重線、2文字以上なら横二重線で削除します。

- **ひと言添える**
  欠席の場合は、簡単な理由や出席する人たちへのメッセージなどを添えるとよいでしょう。

● 誕生日カード

・出す時期

相手の誕生日の1週間前くらいから誕生日当日に届くようにするとよいでしょう。日本郵便の「配達日指定」を利用すると、指定した日にちに配達してもらうことができます。

※利用には、配達日指定料金が必要です。

チャレンジ

1 年賀状の文面を作ろう ……………… 148
2 年賀状の宛名面を作ろう ……………… 152
3 往復はがきを使って
　ゴルフコンペの案内状を作ろう ……………… 156
4 宛名ラベルを作ろう ……………… 160
5 会議の席札を作ろう ……………… 162
チャレンジ解答 ……………… 164

チャレンジ 1　年賀状の文面を作ろう

ワードを起動し、新しい文書を作成して、①〜⑭の操作を行いましょう。

●完成図

① 次のように用紙を設定しましょう。

用紙サイズ　　：はがき
ページの向き：縦

② テーマを「レトロスペクト」に設定しましょう。

> 💡ヒント　《テーマ》を設定するには、《デザイン》タブ→《ドキュメントの書式設定》グループの (テーマ)を使います。

③ はがきの背景を、次のように設定しましょう。

ページの色　　　　　：2色のグラデーション
色1：オレンジ、アクセント2、白+基本色80%
色2：白、背景1
グラデーションの種類：右下対角線
バリエーション　　　：右下

④ 横書きテキストボックスを作成して、「謹賀新年」と入力しましょう。

⑤ ④で作ったテキストボックスに、次の書式を設定し、完成図を参考に位置とサイズを調整しましょう。

図形の塗りつぶし：濃い赤
図形の枠線　　　：線なし
フォント　　　　：HGS明朝E（エイチジーエス　イー）
フォントサイズ：36ポイント
フォントの色　：白、背景1
中央揃え

⑥ 写真「旅行」を挿入しましょう。

※ここで使用する写真は、当社ホームページよりダウンロードしてください。(→P.2参照)
※写真「旅行」は、フォルダー「趣味発見　はがき作成(2013)」内の「チャレンジ」にあります。

⑦ ⑥で挿入した写真に、次の書式を設定し、完成図を参考に位置を調整しましょう。

文字列の折り返し：背面
写真の倍率　　　：250%

⑧横書きテキストボックスを作成して、次のように文章を入力しましょう。

```
昨年は、仕事の合間に、日本各地を旅行するなど↵
公私ともに充実した1年を過ごしました。↵
昨年同様、今年も充実した1年となるよう↵
精進してまいりたいと存じます。↵
今年もよろしくお願い申し上げます。↵
↵
2016年□元旦
```

※↵で Enter を押して、改行します。
※□で　　　　(スペース)を押して、空白を入力します。

⑨⑧で作ったテキストボックスに、次の書式を設定し、完成図を参考に位置とサイズを調整しましょう。

```
図形の塗りつぶし：塗りつぶしなし
図形の枠線　　　：線なし
フォント　　　　：HGS明朝E
```

⑩角丸四角形吹き出しを作成して、次のように入力しましょう。

```
今年はブログを↵
始めます。↵
お楽しみに！
```

⑪⑩で作った吹き出しに次の書式を設定し、完成図を参考に位置とサイズを調整しましょう。

```
フォントサイズ：9ポイント
フォントの色　：黒、テキスト1
図形の塗りつぶし：白、背景1
図形の枠線　　　：オレンジ
図形の枠線の太さ：3pt
```

⑫⑩で作った吹き出しをコピーして、次のように文字を修正し、完成図を参考に位置とサイズを調整しましょう。

```
今年は英会話に↵
チャレンジするぞ！
```

⑬ 次のような図形を使って門松を作りましょう。
それぞれの図形に書式を設定し、完成図を参考に位置とサイズを調整しましょう。

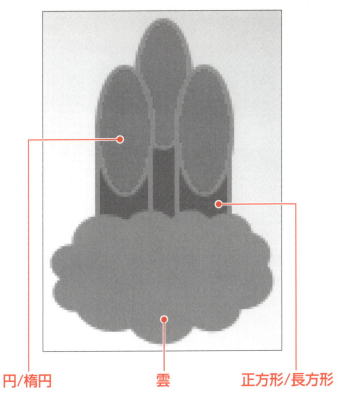

円/楕円　　　　　雲　　　　正方形/長方形

●正方形/長方形
　図形の塗りつぶし：緑
　図形の枠線　　　：薄い緑

●円/楕円
　図形の塗りつぶし：オレンジ、アクセント1、白+基本色40％
　図形の枠線　　　：薄い緑

●雲
　図形の塗りつぶし：薄い緑
　図形の枠線　　　：線なし

💡ヒント　・図形を重ねる場合、あとから作った図形が前面に表示されます。中央の竹を作ってから、コピーすると効率的です。

・作ったあとで図形の重なりの順序を変更するには、《書式》タブ→《配置》グループの [前面へ移動]（前面へ移動）または [背面へ移動]（背面へ移動）を使います。

⑭「年賀状横書き文面完成」という名前を付けて、デスクトップにファイルとして保存しましょう。

※ [×]（閉じる）をクリックして、ワードを終了しておきましょう。

チャレンジ 2 年賀状の宛名面を作ろう

エクセルを起動し、①〜⑥の操作を行いましょう。

● 完成図

	A	B	C	D	E	F	G	
1	氏名	フリガナ	敬称	連名	フリガナ(連名)	敬称(連名)	郵便番号	
2	瀬崎博明	セザキヒロアキ	様	由里子	ユリコ	様	1560057	東京都世
3	吉村宗助	ヨシムラソウスケ	様	美幸	ミユキ	様	1790083	東京都
4	相田健夫	アイダタケオ	様	恵理子	エリコ	様	5100067	三重県
5	篠田大悟	シノダダイゴ	様	好美	ヨシミ	様	9330802	富山県高
6	難波郁枝	ナンバイクエ	様				1790081	東京都練
7	矢井田誠	ヤイダマコト	様				3730851	群馬県
8	和中将太	ワナカショウタ	様				2410801	神奈川
9	木村芳江	キムラヨシエ	様				2430212	神奈川県
10	小西良子	コニシリョウコ	様				2900511	千葉県市
11	佐々木百合	ササキユリ	様				1460083	東京都
12	清水昭夫	シミズアキオ	様	真知子	マチコ	様	2600045	千葉県
13	村中洋子	ムラナカヨウコ	様				1160011	東京都
14	西垣清太郎	ニシガキセイタロウ	様	優子	ユウコ	様	2120054	神奈川
15	北垣真由美	キタガキマユミ	様				1750094	東京都板
16	曽根健一郎	ソネケンイチロウ	様				5770013	大阪府
17	真田寛子	サナダヒロコ	様				2310023	神奈川
18	鎌田礼子	カマタレイコ	様				4200851	静岡県静
19	本田豊	ホンダユタカ	様	知子	トモコ	様	1400014	東京都品
20	浜岡恭司	ハマオカキョウジ	様				1650022	東京都
21	中西好美	ナカニシヨシミ	様				2790022	千葉県
22	浜崎琴音	ハマザキコトネ	様				3620021	埼玉県上
23	日野健吾	ヒノケンゴ	様	和美	カズミ	様	2310021	神奈川
24	由良芳郎	ユラヨシロウ	様	直美	ナオミ	様	4600003	愛知県
25	飯田夏江	イイダナツエ	様				1540001	東京都
26	氏田大樹	ウジタダイキ	様	妙子	タエコ	様	5691134	大阪府高
27	三好明子	ミヨシアキコ	様				1350091	東京都港
28	石田健二	イシダケンジ	様	恭子	キョウコ	様	2410803	神奈川
29	村岡則夫	ムラオカノリオ	様	恵美	エミ	様	8800865	宮崎県
30	赤井繁夫	アカイシゲオ	様	俊子	トシコ	様	7330001	広島県広
31								
32								

G	H	I	J	K	L	M	N
郵便番号	住所1	住所2	電話番号	2015年送信	2015年受信	2016年送信	2016年受信
1560057	東京都世田谷区上北沢X-XX		03-XXXX-XXXX	○	×	×	喪中
1790083	東京都練馬区平和台X-X	練馬マンション205	03-XXXX-XXXX	×	○	○	
5100067	三重県四日市市浜町X-X		059-XX-XXXX	○	○	○	
9330802	富山県高岡市蓮花寺XXX-X		0766-XX-XXXX	×	○	○	
1790081	東京都練馬区北町X-X-X		03-XXXX-XXXX	○	○	○	
3730851	群馬県太田市飯田町X-X		0276-XX-XXXX	○	×	×	
2410801	神奈川県横浜市旭区若葉台X-X-X		045-XXX-XXXX	○	○	○	
2430212	神奈川県厚木市及川XXXX		046-XXX-XXXX	×	喪中	○	
2900511	千葉県市原市石川XXXX-X		0436-XX-XXXX	○	×	×	
1460083	東京都大田区千鳥X-X-XX	平和リバーズ801	03-XXXX-XXXX	○	○	○	
2600045	千葉県千葉市中央区弁天X-X		043-XXX-XXXX	○	○	○	
1160011	東京都荒川区西尾久X-X-X	コーポ西尾久102	03-XXXX-XXXX	○	×	×	喪中
2120054	神奈川県川崎市幸区小倉X-X-X	リバーラス308	044-XXX-XXXX	○	○	○	
1750094	東京都板橋区成増X-X-X	フォラレス1002	03-XXXX-XXXX	○	○	○	
5770013	大阪府東大阪市長田中X-X-X		06-XXXX-XXXX	○	○	○	
2310023	神奈川県横浜市中区山下町X-X		045-XXX-XXXX	×	○	○	
4200851	静岡県静岡市葵区黒金町XX		054-XXX-XXXX	○	○	○	
1400014	東京都品川区大井X-X-XX	ペントハウス大井903	03-XXXX-XXXX	○	○	○	
1650022	東京都中野区江古田X-X-X		03-XXXX-XXXX	○	×	×	
2790022	千葉県浦安市今川X-X-X	今川マンション306	047-XXX-XXXX	○	○	×	喪中
3620021	埼玉県上尾市原市X-X		048-XXX-XXXX	×	○	○	
2310021	神奈川県横浜市中区日本大通X-X	フォレスト壱番館105	045-XXX-XXXX	○	○	○	
4600003	愛知県名古屋市中区錦X-X-X		052-XXX-XXXX	○	○	○	
1540001	東京都世田谷区池尻X-X-X		03-XXXX-XXXX	○	○	○	
5691134	大阪府高槻市朝日X-X-X	朝日ビルディング501	072-XXX-XXXX	×	○	○	
1350091	東京都港区台場X-X-X	マンション台場1008	03-XXXX-XXXX	×	喪中	○	
2410803	神奈川県横浜市旭区川井本町X-X-X		045-XXX-XXXX	○	○	○	
8800865	宮崎県宮崎市松山X-XX-XX		0985-XX-XXXX	×	○	○	
7330001	広島県広島市西区大芝X-X-X		082-XXX-XXXX	○	×	×	

① ブック「年賀状用住所録」を開きましょう。
※ここで使用するブックは、当社ホームページよりダウンロードしてください。(→P.2参照)
※ブック「年賀状用住所録」は、フォルダー「趣味発見　はがき作成（2013）」内の「チャレンジ」にあります。

② 表をテーブルに変換しましょう。

③ 住所録の先頭列を固定しましょう。

④ 「2016年受信」が「喪中」の人を抽出しましょう。

⑤ ④で抽出したデータをクリアしましょう。

⑥ 「年賀状用住所録完成」という名前を付けて、デスクトップにファイルとして保存しましょう。

※ ✕ （閉じる）をクリックして、エクセルを終了しておきましょう。

チャレンジ

ワードを起動し、新しい文書を作成して、⑦～⑬の操作を行いましょう。

●完成図

1 5 6 - 0 0 5 7

東京都世田谷区上北沢 X-XX

瀬　崎　博　明　様
　　　由　里　子　　様

東京都台東区浅草X-X-X
　　　　　　　　　　　　浅草マンション706
　　富　士　花　子

1 1 1 0 0 3 2

〔再生紙はがき〕

B0000組　　お年玉　　000000

⑦ ⑥で保存したブック「年賀状用住所録完成」を使って、次のように年賀状の宛名面を作りましょう。

※⑥のブックの保存ができていない場合は、当社ホームページよりダウンロードしてください。(→P.2参照)
※ブック「年賀状用住所録完成」は、フォルダー「趣味発見　はがき作成(2013)」内の「完成ファイル」→「チャレンジ2」にあります。

はがきの様式	：横書き
フォント	：HGP創英プレゼンスEB
差出人を印刷する	
宛名に差し込む住所録	：ブック「年賀状用住所録完成」
宛名の敬称	：様

＜差出人情報＞
　　氏名　　　：富士花子
　　郵便番号　：1110032
　　住所1　　 ：東京都台東区浅草X-X-X
　　住所2　　 ：浅草マンション706

⑧ 差し込みフィールドを表示しましょう。

⑨《会社名》と《部署名》のテキストボックスを削除しましょう。

⑩《役職》を削除しましょう。
※《役職》を削除したあと、→(タブ)が表示された場合は、→(タブ)も削除しておきましょう。

⑪「連名」と「敬称(連名)」が表示されるように設定し、位置を調整しましょう。

⑫ プレビュー表示して、結果を確認しましょう。

⑬「年賀状横書き宛名面完成」という名前を付けて、デスクトップにファイルとして保存しましょう。

※ ✕ (閉じる)をクリックして開いている文書をすべて閉じ、ワードを終了しておきましょう。

チャレンジ 3 往復はがきを使ってゴルフコンペの案内状を作ろう

ワードを起動し、新しい文書を作成して、①〜⑯の操作を行いましょう。

●完成図

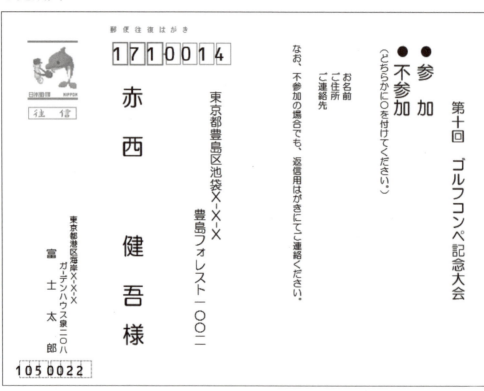

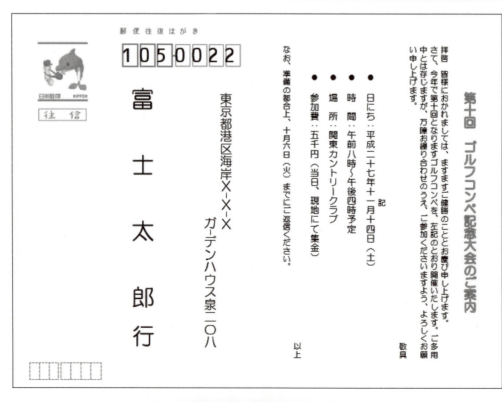

① ブック「会員リスト」を使って、次のように往復はがきの往信の宛名面を作りましょう。

※ここで使用するブックは、当社ホームページよりダウンロードしてください。（→P.2参照）
※ブック「会員リスト」は、フォルダー「趣味発見　はがき作成（2013）」内の「チャレンジ」にあります。

はがきの様式	：縦書き
フォント	：HG丸ゴシックM-PRO（エイチジー／エム　プロ）
差出人を印刷する	
宛名に差し込む住所録	：ブック「会員リスト」
宛名の敬称	：様

＜差出人情報＞
氏名	：富士太郎
郵便番号	：1050022
住所1	：東京都港区海岸X－X－X
住所2	：ガーデンハウス泉208

※住所1、住所2の英数字は全角で入力します。

② 「赤西　健吾」の前にある↲（タブ）を削除しましょう。

③ 住所のフォントサイズを14ポイントに設定しましょう。

④ 右側のテキストボックスに、次のように入力しましょう。

```
第十回□ゴルフコンペ記念大会↲
↲
参□加↲
不参加↲
（どちらかに〇を付けてください。）↲
↲
↲
お名前↲
ご住所↲
ご連絡先↲
↲
なお、不参加の場合でも、返信用はがきにてご連絡ください。
```

※縦書きで入力されます。
※↲で[Enter]を押して、改行します。
※□で[　　　]（スペース）を押して、空白を入力します。

⑤ ④で入力した文字に、次の書式を設定しましょう。

● 「第十回　ゴルフコンペ記念大会」

フォントサイズ：16ポイント
上下中央揃え

● 「参　加」と「不参加」

フォントサイズ：20ポイント
箇条書き　　　：行頭文字「●」

⑥ 「お名前」「ご住所」「ご連絡先」に、3文字分の左インデントを設定しましょう。

⑦ 「ゴルフコンペ往信宛名面完成」という名前を付けて、デスクトップにファイルとして保存し、ワードを終了しておきましょう。

⑧ ワードを起動し、次のように往復はがきの返信の宛名面を作りましょう。

はがきの様式　　　　　：縦書き
フォント　　　　　　　：HG丸ゴシックM-PRO
差出人を印刷しない
宛名に差し込む住所録：使用しない
宛名の敬称　　　　　　：行

⑨ 返信の宛先を次のように設定しましょう。

氏名　　　：富士太郎
郵便番号　：1050022
住所1　　：東京都港区海岸Ｘ－Ｘ－Ｘ
住所2　　：ガーデンハウス泉208

※住所1、住所2の英数字は全角で入力します。

⑩ 「富士太郎」の前にある↓(タブ)を削除しましょう。

⑪ 住所のフォントサイズを14ポイントに設定しましょう。

⑫右側のテキストボックスに、次のように入力しましょう。

```
第十回□ゴルフコンペ記念大会のご案内↵
↵
拝啓□皆様におかれましては、ますますご健勝のこととお慶び申し上げます。↵
さて、今年で第十回となりますゴルフコンペを、左記のとおり開催いたします。ご多用中とは存じますが、万障お繰り合わせのうえ、ご参加くださいますよう、よろしくお願い申し上げます。↵
敬具↵
↵
記↵
日にち：平成二十七年十一月十四日（土）↵
時□間：午前八時～午後四時予定↵
場□所：関東カントリークラブ↵
参加費：五千円（当日、現地にて集金）↵
以上↵
なお、準備の都合上、十月六日（火）までにご返信ください。
```

※縦書きで入力されます。
※オートフォーマットにより、「敬具」「以上」は自動的に入力されます。
※↵で Enter を押して、改行します。
※□で（スペース）を押して、空白を入力します。
※「～」は、「から」と入力して変換します。

⑬⑫で入力したテキストボックスのフォントサイズを9ポイントに設定しましょう。

⑭⑫で入力したテキストボックス内の「第十回　ゴルフコンペ記念大会のご案内」に、次の書式を設定しましょう。

```
文字の効果　　：塗りつぶし-オレンジ、アクセント2、輪郭-アクセント2
フォントサイズ：14ポイント
上下中央揃え
```

⑮⑫で入力したテキストボックス内の「日にち」から「参加費」の行に、次の書式を設定しましょう。

```
フォントサイズ：10.5ポイント
左インデント　：3文字分
行間　　　　　：1.5行
箇条書き　　　：行頭文字「●」
```

⑯「ゴルフコンペ返信宛名面完成」という名前を付けて、デスクトップにファイルとして保存しましょう。

※ × （閉じる）をクリックして開いている文書をすべて閉じ、ワードを終了しておきましょう。

チャレンジ 4 宛名ラベルを作ろう

ワードを起動し、新しい文書を作成して、①〜⑦の操作を行いましょう。

●完成図

〒115-0044 東京都北区赤羽南 X-X-X 南マンションズ 1007 赤石徹　様	〒105-0022 東京都港区海岸 X-X-X 植野洋介　様
〒111-0032 東京都台東区浅草 X-X-X 浅草リバー207 枝野祥子　様	〒279-0022 千葉県浦安市今川 X-X-X 垣田茂子　様
〒171-0014 東京都豊島区池袋 X-X-X パレスタウン池袋 206 木下吾郎　様	〒279-0023 千葉県浦安市高洲 X-XX-X 木村健夫　様
〒326-0021 埼玉県足利市山川町 X-XX 黒岩勲　様	〒241-0801 神奈川県横浜市旭区若葉台 X-X-X 小西紀夫　様
〒154-0001 東京都世田谷区池尻 X-X-XX フォレスト池尻 310 佐々原進吾　様	〒136-0071 東京都江東区亀戸 X-XX-X 佐野恭子　様

① ブック「**宛名ラベル**」を宛先リストにして、次のように宛名ラベルを作りましょう。

> ラベルの製造元　　　：A-ONE
> ラベルの製品番号：A-ONE 28177

※ここで使用するブックは、当社ホームページよりダウンロードしてください。（→P.2参照）
※ブック「宛名ラベル」は、フォルダー「趣味発見　はがき作成（2013）」内の「チャレンジ」にあります。

> **ヒント**
> ・宛名ラベルを作るには、《差し込み文書》タブ→《差し込み印刷の開始》グループの (差し込み印刷の開始)→《ラベル》を使います。
> ・宛先リストを指定するには、《差し込み文書》タブ→《差し込み印刷の開始》グループの (宛先の選択)→《既存のリストを使用》を使います。

② ①で作った宛名ラベルに、次のように差し込みフィールドを挿入しましょう。

> 1行目：〒《郵便番号》↵
> 2行目：《住所1》↵
> 3行目：《住所2》↵
> 4行目：↵
> 5行目：《氏名》□様

※「〒」と「様」は、直接入力します。
※「〒」は、「ゆうびん」と入力して変換します。
※↵で Enter を押して、改行します。
※□で[　　　　]（スペース）を押して、空白を入力します。

③ 宛名ラベルの1〜3行目のフォントサイズを12ポイントに設定しましょう。

④ 宛名ラベルの5行目のフォントサイズを16ポイントに設定しましょう。

⑤ 設定した差し込みフィールドをすべてのラベルに更新させましょう。

> **ヒント**
> ラベルを更新するには、《差し込み文書》タブ→《文章入力とフィールドの挿入》グループの (複数ラベルに反映)を使います。

⑥ ラベルをプレビュー表示して、結果を確認しましょう。

⑦ 「**宛名ラベル完成**」という名前を付けて、デスクトップにファイルとして保存しましょう。

※ × （閉じる）をクリックして、ワードを終了しておきましょう。

チャレンジ	

チャレンジ 5 会議の席札を作ろう

ワードを起動し、新しい文書を作成して、①〜⑩の操作を行いましょう。

●完成図

```
┌─────────────────┐
│                 │
│                 │
├─────────────────┤
│                 │
│   合田尚之 様   │
│   （上下反転）  │
├─────────────────┤
│                 │
│   合田尚之 様   │
│                 │
├─────────────────┤
│                 │
│                 │
└─────────────────┘
```

折ると…

合田尚之　様

① 次のように用紙を設定しましょう。

用紙サイズ　：A4
ページの向き：縦

162

②横書きテキストボックスを作成し、次のようにサイズを調整しましょう。
　次に、テキストボックスの左上と用紙の左上を揃えるように配置しましょう。

> 高さ：74.25mm
> 幅　：210mm

③②で作ったテキストボックスを下に3つコピーしましょう。

> **ヒント** [Ctrl]＋[Shift]を押したまま下にドラッグすると、垂直方向にコピーできます。

④ブック「会議参加者リスト」を宛先リストにして、差し込み文書を作りましょう。
※ここで使用するブックは、当社ホームページよりダウンロードしてください。（→P.2参照）
※ブック「会議参加者リスト」は、フォルダー「趣味発見　はがき作成（2013）」内の「チャレンジ」にあります。

> **ヒント** 宛先リストを指定するには、《差し込み文書》タブ→《差し込み印刷の開始》グループの（宛先の選択）→《既存のリストを使用》を使います。

⑤上から3つ目のテキストボックスに、次のように差し込みフィールドを挿入しましょう。

> 《氏名》□様

※□で（スペース）を押して、空白を入力します。

⑥上から3つ目のテキストボックスに、次の書式を設定しましょう。

> フォントサイズ：72ポイント
> 中央揃え
> 文字の配置　　：上下中央

⑦上から2つ目のテキストボックスを削除し、その位置に上から3つ目のテキストボックスをコピーしましょう。

⑧⑦でコピーしたテキストボックスを上下反転しましょう。

⑨結果をプレビュー表示して、データを確認しましょう。

> **ヒント** 上から2つ目のテキストボックスが選択されている場合は、そのテキストボックス以外の場所をクリックして選択を解除してから操作します。

⑩「席札完成」という名前を付けて、デスクトップにファイルとして保存しましょう。

※ × （閉じる）をクリックして、ワードを終了しておきましょう。

チャレンジ 解答

チャレンジ1

①

①《ページレイアウト》タブを選択
②《ページ設定》グループの サイズ （ページサイズの選択）をクリック
③《はがき》をクリック
④《ページ設定》グループの 印刷の向き （ページの向きを変更）をクリック
⑤《縦》をクリック

②

①《デザイン》タブを選択
②《ドキュメントの書式設定》グループの テーマ （テーマ）をクリック
③《レトロスペクト》をクリック

③

①《デザイン》タブを選択
②《ページの背景》グループの ページの色 （ページの色）をクリック
③《塗りつぶし効果》をクリック
④《グラデーション》タブを選択
⑤《2色》を◉にする
⑥《色1》の▼をクリックし、《テーマの色》の《オレンジ、アクセント2、白＋基本色80％》をクリック
⑦《色2》の▼をクリックし、《テーマの色》の《白、背景1》をクリック
⑧《グラデーションの種類》の《右下対角線》を◉にする
⑨《バリエーション》の右下をクリック
⑩《OK》をクリック

④

①《挿入》タブを選択
②《テキスト》グループの テキストボックス （テキストボックスの選択）をクリック
③《横書きテキストボックスの描画》をクリック
④ドラッグして、テキストボックスを作成
⑤「謹賀新年」と入力

⑤

①テキストボックスを選択
②《書式》タブを選択
③《図形のスタイル》グループの 図形の塗りつぶし （図形の塗りつぶし）をクリック
④《標準の色》の《濃い赤》をクリック
⑤《図形のスタイル》グループの 図形の枠線 （図形の枠線）をクリック
⑥《線なし》をクリック
⑦《ホーム》タブを選択
⑧《フォント》グループの MS Pゴシック （フォント）の▼をクリック
⑨《HGS明朝E》をクリック
⑩《フォント》グループの 10.5 （フォントサイズ）の▼をクリック
⑪《36》をクリック
⑫《フォント》グループの A （フォントの色）の▼をクリック
⑬《テーマの色》の《白、背景1》をクリック
⑭《段落》グループの ≡ （中央揃え）をクリック
⑮完成図を参考にドラッグして移動
⑯完成図を参考にテキストボックスの□（ハンドル）をドラッグしてサイズを調整

※テキストボックスの選択を解除しておきましょう。

⑥
① 《挿入》タブを選択
② 《図》グループの (画像ファイル)をクリック
③ 左側の一覧から《デスクトップ》を選択
④ フォルダー「趣味発見　はがき作成（2013）」をダブルクリック
⑤ フォルダー「チャレンジ」をダブルクリック
⑥ 一覧から「旅行」を選択
⑦ 《挿入》をクリック

⑦
① 写真を選択
② (レイアウトオプション)をクリック
③ 《文字列の折り返し》の (背面)をクリック
④ 《レイアウトオプション》の (閉じる)をクリック
⑤ 《書式》タブを選択
⑥ 《サイズ》グループの をクリック
⑦ 《サイズ》タブを選択
⑧ 《倍率》の《縦横比を固定する》が になっていることを確認
⑨ 《倍率》の《高さ》を「250%」に設定
⑩ 《OK》をクリック
⑪ 完成図を参考にドラッグして移動

⑧
① 《挿入》タブを選択
② 《テキスト》グループの (テキストボックスの選択)をクリック
③ 《横書きテキストボックスの描画》をクリック
④ ドラッグして、テキストボックスを作成
⑤ 文章を入力

⑨
① テキストボックスを選択
② 《書式》タブを選択
③ 《図形のスタイル》グループの (図形の塗りつぶし)をクリック
④ 《塗りつぶしなし》をクリック
⑤ 《図形のスタイル》グループの (図形の枠線)をクリック
⑥ 《線なし》をクリック
⑦ 《ホーム》タブを選択
⑧ 《フォント》グループの (フォント)の をクリック
⑨ 《HGS明朝E》をクリック

⑩
① 《挿入》タブを選択
② 《図》グループの (図形の作成)をクリック
③ 《吹き出し》の (角丸四角形吹き出し)をクリック
④ ドラッグして、吹き出しを作成
⑤ 文字を入力

⑪
① 吹き出しを選択
② 《ホーム》タブを選択
③ 《フォント》グループの (フォントサイズ)の をクリック
④ 《9》をクリック
⑤ 《フォント》グループの (フォントの色)の をクリック
⑥ 《テーマの色》の《黒、テキスト1》をクリック
⑦ 《書式》タブを選択
⑧ 《図形のスタイル》グループの (図形の塗りつぶし)をクリック
⑨ 《テーマの色》の《白、背景1》をクリック
⑩ 《図形のスタイル》グループの (図形の枠線)をクリック
⑪ 《標準の色》の《オレンジ》をクリック
⑫ 《図形のスタイル》グループの (図形の枠線)をクリック
⑬ 《太さ》をポイント

⑭《3pt》をクリック
⑮完成図を参考にドラッグして移動
⑯完成図を参考に吹き出しの□（ハンドル）をドラッグしてサイズを調整
⑰完成図を参考に吹き出しの黄色の□（ハンドル）をドラッグして、吹き出しの先端の位置を調整

⑫

①吹き出しを選択
②[Ctrl]を押したままドラッグして、吹き出しをコピー
③文字を修正
④完成図を参考にドラッグして移動
⑤完成図を参考に吹き出しの□（ハンドル）をドラッグしてサイズを調整
⑥完成図を参考に吹き出しの黄色の□（ハンドル）をドラッグして、吹き出しの先端の位置を調整

⑬

①《挿入》タブを選択
②《図》グループの (図形の作成) をクリック
③《四角形》の □ (正方形/長方形) をクリック
④完成図を参考にドラッグして四角形を作成
⑤《書式》タブを選択
⑥《図形のスタイル》グループの 図形の塗りつぶし▼ (図形の塗りつぶし) をクリック
⑦《標準の色》の《緑》をクリック
⑧《図形のスタイル》グループの 図形の枠線▼ (図形の枠線) をクリック
⑨《標準の色》の《薄い緑》をクリック
⑩《挿入》タブを選択
⑪《図》グループの (図形の作成) をクリック
⑫《基本図形》の ○ (円/楕円) をクリック
⑬完成図を参考にドラッグして楕円を作成
⑭《書式》タブを選択
⑮《図形のスタイル》グループの 図形の塗りつぶし▼ (図形の塗りつぶし) をクリック
⑯《テーマの色》の《オレンジ、アクセント1、白+基本色40％》をクリック
⑰《図形のスタイル》グループの 図形の枠線▼ (図形の枠線) をクリック
⑱《標準の色》の《薄い緑》をクリック
⑲完成図を参考に図形の位置とサイズを調整
⑳楕円を選択
㉑[Shift]を押したまま四角形を選択
㉒[Ctrl]を押したままドラッグして、楕円と四角形を2つコピー
㉓完成図を参考に位置を調整
㉔《挿入》タブを選択
㉕《図》グループの (図形の作成) をクリック
㉖《基本図形》の (雲) をクリック
㉗完成図を参考にドラッグして雲を作成
㉘《書式》タブを選択
㉙《図形のスタイル》グループの 図形の塗りつぶし▼ (図形の塗りつぶし) をクリック
㉚《標準の色》の《薄い緑》をクリック
㉛《図形のスタイル》グループの 図形の枠線▼ (図形の枠線) をクリック
㉜《線なし》をクリック
㉝完成図を参考に図形の位置とサイズと角度を調整

⑭

①《ファイル》タブを選択
②《名前を付けて保存》をクリック
③《コンピューター》をクリック
④《デスクトップ》をクリック
⑤《デスクトップ》が表示されていることを確認
⑥《ファイル名》に「年賀状横書き文面完成」と入力
⑦《保存》をクリック

チャレンジ2

①
①エクセルのスタート画面が表示されていることを確認
②《他のブックを開く》をクリック
③《コンピューター》をクリック
④《デスクトップ》をクリック
⑤フォルダー「趣味発見　はがき作成（2013）」をダブルクリック
⑥フォルダー「チャレンジ」をダブルクリック
⑦一覧から「年賀状用住所録」を選択
⑧《開く》をクリック

②
①セル【A1】を選択
※表内のセルであれば、どこでもかまいません。
②《挿入》タブを選択
③《テーブル》グループの (テーブル)をクリック
④《テーブルに変換するデータ範囲を指定してください》に「=$A$1:$N$30」と表示されていることを確認
⑤《先頭行をテーブルの見出しとして使用する》を☑にする
⑥《OK》をクリック

③
①セル【A1】を選択
※テーブル内のセルであれば、どこでもかまいません。
②《表示》タブを選択
③《ウィンドウ》グループの (ウィンドウ枠の固定)をクリック
④《先頭列の固定》をクリック

④
①「2016年受信」の をクリック
②「(空白セル)」を□にする

③「喪中」が☑になっていることを確認
④《OK》をクリック
※3件のレコードが抽出されます。

⑤
①セル【A1】を選択
※テーブル内のセルであれば、どこでもかまいません。
②《データ》タブを選択
③《並べ替えとフィルター》グループの (クリア)をクリック

⑥
①《ファイル》タブを選択
②《名前を付けて保存》をクリック
③《コンピューター》をクリック
④《デスクトップ》をクリック
⑤《デスクトップ》が表示されていることを確認
⑥《ファイル名》に「年賀状用住所録完成」と入力
⑦《保存》をクリック

⑦
①《差し込み文書》タブを選択
②《作成》グループの (はがき印刷)をクリック
③《宛名面の作成》をクリック
④《次へ》をクリック
⑤《年賀/暑中見舞い》を◉にする
⑥《次へ》をクリック
⑦《横書き》を◉にする
⑧《差出人の郵便番号を住所の上に印刷する》を□にする
⑨《次へ》をクリック
⑩《フォント》の をクリックし、一覧から《HGP創英プレゼンスEB》を選択
⑪《次へ》をクリック
⑫《差出人を印刷する》を☑にする
⑬《氏名》に「富士花子」と入力

⑭《郵便番号》に「1110032」と入力
⑮《住所1》に「東京都台東区浅草X－X－X」と入力
⑯《住所2》に「浅草マンション706」と入力
⑰《次へ》をクリック
⑱《既存の住所録ファイル》を◉にする
⑲《参照》をクリック
⑳左側の一覧から《デスクトップ》を選択
㉑「年賀状用住所録完成」を選択

※問題⑥でブックの保存ができていない場合は、「趣味発見　はがき作成（2013）」→「完成ファイル」→「チャレンジ2」を選択します。

㉒《開く》をクリック
㉓《宛名の敬称》の▼をクリックし、一覧から「様」を選択
㉔《次へ》をクリック
㉕《完了》をクリック
㉖《住所録$》が選択されていることを確認
㉗《先頭行をタイトル行として使用する》を☑にする
㉘《OK》をクリック

⑧

①《差し込み文書》タブを選択
②《結果のプレビュー》グループの (結果のプレビュー)をクリック

⑨

①《会社名》と《部署名》のテキストボックスを選択
②[Delete]を押す

⑩

①《役職》を選択
②[Delete]を押す

⑪

①《名》の右にカーソルを移動
②[Enter]を押す
③《差し込み文書》タブを選択
④《文章入力とフィールドの挿入》グループの 差し込みフィールドの挿入 ▼ （差し込みフィールドの挿入）の▼をクリック
⑤《連名》をクリック
⑥《連名》の左にカーソルを移動
⑦[Ctrl]+[Tab]を2回押す
⑧《様》の右にカーソルを移動
⑨[Enter]を押す
⑩《文章入力とフィールドの挿入》グループの 差し込みフィールドの挿入 ▼ （差し込みフィールドの挿入）の▼をクリック
⑪《敬称_(連名)》をクリック

⑫

①《差し込み文書》タブを選択
②《結果のプレビュー》グループの (結果のプレビュー)をクリック

⑬

①《ファイル》タブを選択
②《名前を付けて保存》をクリック
③《コンピューター》をクリック
④《デスクトップ》をクリック
⑤《デスクトップ》が表示されていることを確認
⑥《ファイル名》に「年賀状横書き宛名面完成」と入力
⑦《保存》をクリック

チャレンジ3

①

①《差し込み文書》タブを選択
②《作成》グループの [はがき印刷▼] (はがき印刷) をクリック
③《宛名面の作成》をクリック
④《次へ》をクリック
⑤《往復はがき》を ⦿ にする
⑥《次へ》をクリック
⑦《縦書き》を ⦿ にする
⑧《差出人の郵便番号を住所の上に印刷する》を ☐ にする
⑨《次へ》をクリック
⑩《フォント》の ▼ をクリックし、一覧から《HG丸ゴシックM-PRO》を選択
⑪《宛名住所内の数字を漢数字に変換する》を ☑ にする
⑫《差出人住所内の数字を漢数字に変換する》を ☑ にする
⑬《次へ》をクリック
⑭《差出人を印刷する》を ☑ にする
⑮《氏名》に「富士太郎」と入力
⑯《郵便番号》に「1050022」と入力
⑰《住所1》に「東京都港区海岸X-X-X」と入力
⑱《住所2》に「ガーデンハウス泉208」と入力
⑲《次へ》をクリック
⑳《既存の住所録ファイル》を ⦿ にする
㉑《参照》をクリック
㉒左側の一覧から《デスクトップ》を選択
㉓フォルダー「趣味発見　はがき作成（2013）」をダブルクリック
㉔フォルダー「チャレンジ」をダブルクリック
㉕一覧から「会員リスト」を選択
㉖《開く》をクリック
㉗《宛名の敬称》の ▼ をクリックし、一覧から「様」を選択
㉘《次へ》をクリック
㉙《完了》をクリック
㉚《会員リスト$》が選択されていることを確認
㉛《先頭行をタイトル行として使用する》を ☑ にする
㉜《OK》をクリック

②

①「赤西　健吾」の前にある ↓(タブ) を選択
②[Delete] を押す

③

①住所のテキストボックスを選択
②《ホーム》タブを選択
③《フォント》グループの [16▼] (フォントサイズ) の ▼ をクリック
④《14》をクリック

④

①右側のテキストボックス内をクリック
②文字を入力

⑤

①「第十回　ゴルフコンペ記念大会」の行を選択
②《ホーム》タブを選択
③《フォント》グループの [10.5▼] (フォントサイズ) の ▼ をクリック
④《16》をクリック
⑤《段落》グループの [≡] (上下中央揃え) をクリック
⑥「参　加」と「不参加」の行を選択
⑦《フォント》グループの [10.5▼] (フォントサイズ) の ▼ をクリック
⑧《20》をクリック

⑨《段落》グループの ▦▾（箇条書き）の ▾ をクリック
⑩《●》をクリック

⑥
①「お名前」から「ご連絡先」の行を選択
②《ホーム》タブを選択
③《段落》グループの （インデントを増やす）を3回クリック

⑦
①《ファイル》タブを選択
②《名前を付けて保存》をクリック
③《コンピューター》をクリック
④《デスクトップ》をクリック
⑤《デスクトップ》が表示されていることを確認
⑥《ファイル名》に「ゴルフコンペ往信宛名面完成」と入力
⑦《保存》をクリック
⑧ × （閉じる）をクリックし、ワードを終了

⑧
①ワードを起動し、新しい文書を作成
②《差し込み文書》タブを選択
③《作成》グループの はがき印刷▾ （はがき印刷）をクリック
④《宛名面の作成》をクリック
⑤《次へ》をクリック
⑥《往復はがき》を ◉ にする
⑦《次へ》をクリック
⑧《縦書き》を ◉ にする
⑨《差出人の郵便番号を住所の上に印刷する》を □ にする
⑩《次へ》をクリック
⑪《フォント》の ▾ をクリックし、一覧から《HG丸ゴシックM-PRO》を選択
⑫《宛名住所内の数字を漢数字に変換する》を ☑ にする
⑬《次へ》をクリック
⑭《差出人を印刷する》を □ にする
⑮《次へ》をクリック
⑯《使用しない》を ◉ にする
⑰《宛名の敬称》の ▾ をクリックし、一覧から《行》を選択
⑱《次へ》をクリック
⑲《完了》をクリック

⑨
①《はがき宛名面印刷》タブを選択
②《編集》グループの （宛名住所の入力）をクリック
③《氏名》に「富士太郎」と入力
④《郵便番号》に「1050022」と入力
⑤《住所1》に「東京都港区海岸X-X-X」と入力
⑥《住所2》に「ガーデンハウス泉208」と入力
⑦《OK》をクリック

⑩
①「富士太郎」の前にある ↓（タブ）を選択
②Deleteを押す

⑪
①住所のテキストボックスを選択
②《ホーム》タブを選択
③《フォント》グループの 16▾ （フォントサイズ）の ▾ をクリック
④《14》をクリック

⑫
①右側のテキストボックス内をクリック
②文字を入力

⑬
①右側のテキストボックスを選択
②《ホーム》タブを選択
③《フォント》グループの 10.5 (フォントサイズ) の をクリック
④《9》をクリック

⑭
①「第十回　ゴルフコンペ記念大会のご案内」の行を選択
②《ホーム》タブを選択
③《フォント》グループの (文字の効果と体裁)をクリック
④《塗りつぶし-オレンジ、アクセント2、輪郭-アクセント2》をクリック
⑤《フォント》グループの 9 (フォントサイズ)の をクリック
⑥《14》をクリック
⑦《段落》グループの (上下中央揃え)をクリック

⑮
①「日にち」から「参加費」の行を選択
②《ホーム》タブを選択
③《フォント》グループの 9 (フォントサイズ)の をクリック
④《10.5》をクリック
⑤《段落》グループの をクリック
⑥《インデントと行間隔》タブを選択
⑦《インデント》の《左》を「3字」に設定
⑧《間隔》の《行間》の をクリックし、一覧から「1.5行」を選択
⑨《OK》をクリック
⑩《段落》グループの (箇条書き)の をクリック
⑪《●》をクリック

⑯
①《ファイル》タブを選択
②《名前を付けて保存》をクリック
③《コンピューター》をクリック
④《デスクトップ》をクリック
⑤《デスクトップ》が表示されていることを確認
⑥《ファイル名》に「ゴルフコンペ返信宛名面完成」と入力
⑦《保存》をクリック

チャレンジ4

①
①《差し込み文書》タブを選択
②《差し込み印刷の開始》グループの ■（差し込み印刷の開始）をクリック
③《ラベル》をクリック
④《ラベル》の《ラベルの製造元》の ▼ をクリックし、一覧から《A-ONE》を選択
⑤《製品番号》の《A-ONE 28177》をクリック
⑥《OK》をクリック
⑦《差し込み印刷の開始》グループの ■（宛先の選択）をクリック
⑧《既存のリストを使用》をクリック
⑨左側の一覧から《デスクトップ》を選択
⑩フォルダー「**趣味発見　はがき作成（2013）**」をダブルクリック
⑪フォルダー「**チャレンジ**」をダブルクリック
⑫一覧から「**宛名ラベル**」を選択
⑬《開く》をクリック
⑭《宛名ラベル$》が選択されていることを確認
⑮《先頭行をタイトル行として使用する》を ☑ にする
⑯《OK》をクリック

②
①文頭にカーソルを移動
②「〒」と入力
③《差し込み文書》タブを選択
④《文章入力とフィールドの挿入》グループの ■差し込みフィールドの挿入 ▼（差し込みフィールドの挿入）の ▼ をクリック
⑤《郵便番号》をクリック
⑥ Enter を押す
⑦同様に、2～5行目まで入力

③
①1～3行目を選択
②《ホーム》タブを選択
③《フォント》グループの 10.5 ▼（フォントサイズ）の ▼ をクリック
④《12》をクリック

④
①5行目を選択
②《ホーム》タブを選択
③《フォント》グループの 10.5 ▼（フォントサイズ）の ▼ をクリック
④《16》をクリック

⑤
①《差し込み文書》タブを選択
②《文章入力とフィールドの挿入》グループの ■（複数ラベルに反映）をクリック

⑥
①《差し込み文書》タブを選択
②《結果のプレビュー》グループの ■（結果のプレビュー）をクリック

⑦
①《ファイル》タブを選択
②《名前を付けて保存》をクリック
③《コンピューター》をクリック
④《デスクトップ》をクリック
⑤《デスクトップ》が表示されていることを確認
⑥《ファイル名》に「**宛名ラベル完成**」と入力
⑦《保存》をクリック

チャレンジ5

①
①《ページレイアウト》タブを選択
②《ページ設定》グループの サイズ (ページサイズの選択) をクリック
③《A4》をクリック
④《ページ設定》グループの 印刷の向き (ページの向きを変更) をクリック
⑤《縦》をクリック

②
①《挿入》タブを選択
②《テキスト》グループの テキストボックス (テキストボックスの選択) をクリック
③《横書きテキストボックスの描画》をクリック
④ドラッグして、テキストボックスを作成
⑤《書式》タブを選択
⑥ サイズ (サイズ) をクリック
※グループが折りたたまれていない場合は、⑥の操作は必要ありません。
⑦《サイズ》グループの 19 mm (図形の高さ) を「74.25mm」に設定
⑧《サイズ》グループの 149.23 m (図形の幅) を「210mm」に設定
⑨テキストボックスをドラッグして位置を調整

③
①テキストボックスを選択
②[Ctrl]+[Shift]を押したままドラッグして、テキストボックスを3つコピー

④
①《差し込み文書》タブを選択
②《差し込み印刷の開始》グループの 宛先の選択 (宛先の選択) をクリック
③《既存のリストを使用》をクリック
④左側の一覧から《デスクトップ》を選択
⑤フォルダー「趣味発見　はがき作成（2013）」をダブルクリック
⑥フォルダー「チャレンジ」をダブルクリック
⑦一覧から「会議参加者リスト」を選択
⑧《開く》をクリック
⑨《参加者リスト$》が選択されていることを確認
⑩《先頭行をタイトル行として使用する》を ✓ にする
⑪《OK》をクリック

⑤
①上から3つ目のテキストボックス内をクリック
②《差し込み文書》タブを選択
③《文章入力とフィールドの挿入》グループの 差し込みフィールドの挿入 (差し込みフィールドの挿入) の をクリック
④《氏名》をクリック
⑤ (スペース) を押す
⑥「様」と入力

⑥
①上から3つ目のテキストボックスを選択
②《ホーム》タブを選択
③《フォント》グループの 10.5 (フォントサイズ) の をクリック
④《72》をクリック
⑤《段落》グループの (中央揃え) をクリック
⑥《書式》タブを選択
⑦《テキスト》グループの 文字の配置 (文字の配置) をクリック
⑧《上下中央》をクリック

⑦
①上から2つ目のテキストボックスを選択
②[Delete]を押す

③上から3つ目のテキストボックスを選択
④ Ctrl + Shift を押したままドラッグして、上から2つ目の位置にコピー

⑧

①コピーしたテキストボックスを選択
②《書式》タブを選択
③《配置》グループの ![] (オブジェクトの回転)をクリック
④《上下反転》をクリック

⑨

①《差し込み文書》タブを選択
②《結果のプレビュー》グループの ![] (結果のプレビュー)をクリック

⑩

①《ファイル》タブを選択
②《名前を付けて保存》をクリック
③《コンピューター》をクリック
④《デスクトップ》をクリック
⑤《デスクトップ》が表示されていることを確認
⑥《ファイル名》に「席札完成」と入力
⑦《保存》をクリック

索引

索引

あ

- アクティブセルの位置……………………… 59
- 宛名データの確認…………………………… 86
- 宛名の直接入力……………………………… 128
- 宛名面の印刷………………………… 100,101
- 宛名面の作成………… 52,78,80,108,123
- 宛名面の作成手順…………………… 52,79
- 宛名面のレイアウト………………………… 104
- 宛名面の枠線………………………………… 86
- アドレス帳の編集…………………………… 98
- 案内状の作成………………………… 106,130

い

- 位置揃え……………………………………… 22
- 移動（写真）………………………………… 27
- 移動（図形）………………………………… 44
- 移動（ワードアート）……………………… 17
- 色付き年賀状………………………………… 11
- 印刷………………………… 47,48,50,100,101
- 印刷位置の調整……………………………… 101
- インデントの設定…………………… 117,119

う

- ウィンドウ枠固定の解除…………………… 69
- ウィンドウ枠の固定………………………… 68

お

- 往信の宛名面の作成………………………… 108
- 往信の文面の作成…………………………… 130
- 往復はがき印刷の注意点…………………… 136
- 往復はがきの作成手順……………………… 107
- 往復はがきの返信…………………………… 145
- オートフォーマット………………………… 132
- オブジェクトの回転………………………… 46
- オブジェクトのグループ化…………… 35,45
- オブジェクトの配置………………………… 22

か

- 回転（オブジェクト）……………………… 46
- 回転（写真）………………………………… 36
- 箇条書きの設定……………………………… 133
- 寒中見舞い…………………………………… 143

き

- 行間の設定…………………………… 117,133

く

- グループ化…………………………… 35,45

け

- 敬称や肩書の組み合わせ方……………… 139

こ

- 降順…………………………………………… 73
- 項目の入力…………………………………… 55
- コピー（図形）……………………… 40,46

さ

- サイズ変更（写真）………………………… 25
- サイズ変更（テキストボックス）………… 20
- 削除（フィールド）………………… 89,114
- 差し込みフィールド………………………… 87
- 差し込みフィールドの確認………………… 88
- 差し込みフィールドの挿入………………… 94
- 左右反転（図形）…………………………… 46
- 残暑見舞い…………………………………… 144

し

写真の移動 …………………………………… 27
写真の回転 …………………………………… 36
写真のサイズ変更 …………………………… 25
写真の修整 …………………………………… 30
写真のスタイルの設定 ……………………… 29
写真の挿入 …………………………………… 23
写真のトリミング …………………………… 28
住所の省略 …………………………………… 138
住所表示の調整 ……………………………… 90
住所録の項目 ………………………………… 54
住所録の作成 ………………………………… 53
出欠確認の文面の作成 ……………………… 115
昇順 …………………………………………… 73
暑中見舞い …………………………………… 144

す

図形の移動 …………………………………… 44
図形のグループ化 …………………………… 45
図形のコピー ………………………………… 40,46
図形の作成 …………………………………… 38,42
図形の左右反転 ……………………………… 46
スタイルの設定 ……………………………… 29

せ

先頭列の固定 ………………………………… 68

そ

挿入（差し込みフィールド） ……………… 94
挿入（写真） ………………………………… 23
挿入（縦書きテキストボックス） ………… 18,32
挿入（ワードアート） ……………………… 12

た

縦書きテキストボックスの挿入 ……… 18,32
誕生日カード ………………………………… 146
段落の書式設定 ……………………………… 121

て

データの再表示 ……………………………… 75
データの抽出 ………………………………… 74
データの追加 ………………………………… 70
データの並べ替え …………………………… 72
データの入力 ………………………………… 55,57
データの非表示 ……………………………… 98
データベース形式 …………………………… 63
テーブル ……………………………………… 60,62
テーブルスタイル …………………………… 66
テーブルの解除 ……………………………… 65
テーブルへのデータの追加 ………………… 70
テーブルへの変換 …………………………… 64
テーブルへの変換時の注意点 ……………… 63
テーマ ………………………………………… 67
テーマの色の設定 …………………………… 9,10
テキストボックスのサイズ変更 …………… 20
テキストボックスの書式設定 ………… 20,33
テキストボックスの挿入 ……………… 18,32

と

トリミング …………………………………… 28

な

名前を付けて保存
　……………… 49,58,76,103,122,135
並べ替え ……………………………………… 72

ね

年賀状の宛名面の作成 ………… 52,78,80
年賀状の印刷 ………………………… 47,48
年賀状の祝詞 ………………………… 142
年賀状の種類 …………………………… 8
年賀状の文面の作成 …………………… 6

は

背景色の印刷 ………………………… 47
背景色の設定 ………………………… 10
はがき宛名印刷の注意点 …………… 57
はがき宛名面印刷ウィザード
　………………………… 80,108,123
ハンドル ………………………… 13,86

ひ

左インデントの設定 ………………… 117

ふ

フィールド …………………………… 63
フィールドの削除 ……………… 89,114
フィールドの対応 …………………… 88
フィールド名 ………………………… 63
フィルター …………………………… 74
フィルターモード ……………… 62,72
フチなし印刷 ………………………… 50
ブックのテーマ ……………………… 67
ブックを開く ………………………… 60
ぶら下げインデントの設定 ………… 119
文面の作成 ……………… 6,115,130

へ

ページの色 …………………………… 10
返信の宛名面の作成 ………………… 123
返信の文面の作成 …………………… 115

ほ

保存 ………… 49,58,76,103,122,135

も

文字の効果の適用 …………………… 134
文字の書式設定 …………… 116,121,134
文字列の折り返し …………………… 25
文字列の方向 ………………………… 14
もとの順番に戻す（並べ替え） ……… 73

よ

用紙の設定 …………………………… 7
余白の設定 …………………………… 8

れ

レコード ……………………………… 63
列幅の調整 …………………………… 58
列見出し ……………………………… 63
連名の敬称 …………………………… 97
連名の配置 …………………………… 140
連名の表示 …………………………… 94

わ

ワードアートの移動 ………………… 17
ワードアートの書式設定 …………… 15
ワードアートの挿入 ………………… 12
ワードアートのハンドル …………… 13

趣味発見！
ワードとエクセルでプロ並み はがき作成
年賀状・はがきデザイン＆宛名印刷
Microsoft® Word 2013
Microsoft® Excel® 2013 対応
(FKT1503)

2015年8月3日　初版発行

著作／制作：富士通エフ・オー・エム株式会社

発行者：大森　康文

発行所：FOM出版（富士通エフ・オー・エム株式会社）
　　　　〒105-6891　東京都港区海岸1-16-1 ニューピア竹芝サウスタワー
　　　　インターネット・ホームページ　http://jp.fujitsu.com/fom/

印刷／製本：アベイズム株式会社

表紙デザインシステム：株式会社イーサイバー

- 本書は、構成・文章・プログラム・画像・データなどのすべてにおいて、著作権法上の保護を受けています。
  本書の一部あるいは全部について、いかなる方法においても複写・複製など、著作権法上で規定された権利を侵害する行為を行うことは禁じられています。
- 本書に関するご質問は、ホームページまたは郵便にてお寄せください。
  ＜ホームページ＞
  上記ホームページ内の「FOM出版」から「お客様Q&A窓口」にアクセスし、「Q&Aフォームのご案内」から所定のフォームを選択して、必要事項をご記入の上、送信してください。
  ＜郵便＞
  次の内容を明記の上、上記発行所の「FOM出版 コンテンツ開発部」まで郵送してください。
  ・テキスト名　　・該当ページ　　・質問内容（できるだけ操作状況を詳しくお書きください）
  ・ご住所、お名前、電話番号
  　※ご住所、お名前、電話番号など、お知らせいただきました個人に関する情報は、お客様ご自身とのやり取りのみに使用させていただきます。ほかの目的のために使用することは一切ございません。
  なお、次の点に関しては、あらかじめご了承ください。
  ・ご質問の内容によっては、回答に日数を要する場合があります。
  ・本書の範囲を超えるご質問にはお答えできません。　・電話やFAXによるご質問には一切応じておりません。
- 本製品に起因してご使用者に直接または間接的損害が生じても、富士通エフ・オー・エム株式会社はいかなる責任も負わないものとし、一切の賠償などは行わないものとします。
- 本書に記載された内容などは、予告なく変更される場合があります。
- 落丁・乱丁はお取り替えいたします。

All Rights Reserved, Copyright © 富士通エフ・オー・エム株式会社 2015
Printed in Japan

FOM出版 テキストのご案内

好評発売中

**趣味発見！ プレミアム
パワーポイント自由自在**
かんたん！ステキ！
写真をいかした作品づくり

● Microsoft® PowerPoint® 2013 対応

定価：2,000円（税抜）
型番：FKT1502
ISBN978-4-86510-231-4

**趣味発見！ プレミアム
デジタル写真自由自在**
ワードで楽しく写真をアレンジ

● Microsoft® Word 2013 対応

定価：2,000円（税抜）
型番：FKT1420
ISBN978-4-86510-211-6

**趣味発見！ プレミアム
ワードで楽しく
自分史作成**
企画から製本までヒントいっぱい
自分史作成レッスン

● Microsoft® Word 2013 対応

定価：2,000円（税抜）
型番：FKT1419
ISBN978-4-86510-210-9

**趣味発見！
ワードとエクセルでプロ並み
はがき作成**
年賀状・はがきデザイン＆宛名印刷

● Microsoft® Word 2013
● Microsoft® Excel® 2013 対応

定価：1,200円（税抜）
型番：FKT1503
ISBN978-4-86510-232-1

**趣味発見！
パソコン超入門**
はじめの一歩

● Windows® 8.1 Update 対応

定価：1,300円（税抜）
型番：FKT1410
ISBN978-4-86510-181-2

**趣味発見！
iPhoneの
写真上達講座**

定価：1,500円（税抜）
型番：FKT1411
ISBN978-4-86510-150-8

**趣味発見！
エクセル 2013**

〈入門編〉
定価：1,300円（税抜）
型番：FKT1408
ISBN978-4-86510-148-5

〈チャレンジ編〉
定価：1,300円（税抜）
型番：FKT1409
ISBN978-4-86510-149-2

**趣味発見！
ワード 2013**

〈入門編〉
定価：1,300円（税抜）
型番：FKT1413
ISBN978-4-86510-204-8

〈チャレンジ編〉
定価：1,300円（税抜）
型番：FKT1414
ISBN978-4-86510-205-5

FOM出版のテキストのオンラインショップ ▶ FOM Direct

https://directshop.fom.fujitsu.com/shop/
お問い合わせ 0120-81-8128

※この広告は2015年7月現在のものです。予告なく変更することがありますので、ご了承ください。